JN027182

高圧受電設備規程 Q&A

高圧受電設備規程発行の日本電気協会が制作！

JESC E0013 (2020)
日本電気技術規格委員会

電気技術規程
需要設備編

高圧受電設備規程
JEAC 8011-2020

一般社団法人
日本電気協会
需要設備専門部会

収録内容

☑ 高圧受電設備規程の第1編から第3編の規定内容をもとに質問を**74件**収録

☑ 質問に対する回答を詳細に記述し、**初心者にも納得いただける構成**にしました。

！ 高圧受電設備規程と同時併用で理解が深まる

一般社団法人
日本電気協会
需要設備専門部会

序 文

　「高圧受電設備規程」は、高圧で受電する自家用電気工作物の電気保安の確保に資することを目的に需要設備専門部会の電気技術規程（JEAC 8011）として2002年に制定され、高圧受電設備の設計、施工、維持、検査の規範として、関係各界において広く活用されております。

　2002年の制定以降、日本電気協会には「規定内容の趣旨」や「規定の根拠」などについて、様々なご質問が寄せられてきました。

　そこで、これまで寄せられたご質問のうち、多く寄せられているご質問を基に規定制定の背景や根拠も含め、Q&A形式でまとめることにより、高圧受電設備規程の理解を深めていただくのに役立つものと考え、書籍として発行することとしました。

　本書は、需要設備専門部会及び規格解説分科会の審議を経て、各委員のご意見を広く取り入れ作成したものとなっています。

　本書の構成は、高圧受電設備規程の構成に合わせ大きく分けて「第1章 序及び標準施設に関するQ&A」、「第2章 保護協調・絶縁協調に関するQ&A」、「第3章 高調波対策及び発電設備等の系統連系に関するQ&A」で構成され、質問と回答は、イラスト・回路図・表を多く採用し、見開きで2頁〜4頁程度で1問を完結させ、汎用的な内容から、規定の詳細な解説、探求心を深めたコラムなど、規定の運用に役立つものを掲載しました。

　2020年版の高圧受電設備規程と併せて本書をご活用いただき、電気設備に関する保安基準について一層のご理解を深めていただくとともに、更なる電気工作物の保安、公衆の安全及び電気関連事業の効率化に寄与するよう願っております。

　最後に、本書の審議・作業に従事された需要設備専門部会、規格解説分科会の委員及び関係各位に感謝の意を表します。

2023年10月

一般社団法人 日本電気協会

需 要 設 備 専 門 部 会

部会長　髙 橋 健 彦

国の基準と民間規格との関係

電気事業法の目的は、「電気事業の運営を適正かつ合理的ならしめることによって、電気の使用者の利益を保護し、及び電気事業の健全な発達を図るとともに、電気工作物の工事、維持及び運用を規制することによって、公共の安全を確保し、及び環境の保全を図ること」とされ、「電気事業の規制」と「電気保安の規制」をしています。

電気事業法では、発電・蓄電・変電・送電・配電・需要設備等を電気工作物と定義し、扱う電圧や危険度に応じて様々な規制を行っています。

図1は、電気事業法を中心に、法令等の基準と民間規格の体系図を表しています。

電気事業法には、電気事業法施行令・施行規則及び技術基準などが定められています。また、電気設備に関しては「電気設備に関する技術基準を定める省令（以下、「電技省令」という）」が定められ、審査基準として「電気設備の技術基準の解釈（以下、「電技解釈」という）」が公表されています。

電技省令は、電気工作物による人体への危害や物件の損傷の防止、電気工作物の損壊による供給支障の防止などを目的として定められたもので、省令に定められている技術的要件については、法的義務が生じます。

電技解釈は、行政手続法に基づき、立入検査等の審査・処分の基準に位置付けられているので、電技解釈に適合している場合、電技省令に適合したものと判断されることになります。

なお、電技解釈は、国が示す基準であり、これは、電技省令に定められている技術的要件を満たすべき技術的内容とし、例えば、性能の規定や具体的な仕様の例示を単独あるいは併記した基準となっており、必要に応じて民間規格の引用も行われています。さらに、電技解釈には図なども記載した電技解釈の解説も公表されています。

高圧受電設備規程は国の基準を平易に解説するとともに、電技解釈などで明確に示されていない高圧受電設備の施設方法について国の基準に適合するよう具体的に規定しています。また、当該規程は、関係法令である建築基準法、消防法、安衛法などの関連する基準も掲載しています。

このように、民間規格は、電技省令、電技解釈およびその解説等を補足し、具体的かつ平易に解説することで、実用的な規格として活用されています。

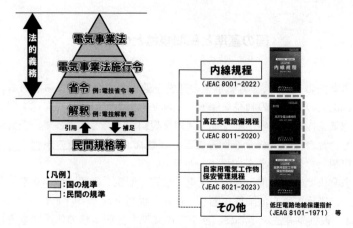

図1　民間規格と関係法令の体系図

略 号

この書籍で使用する略号は以下のとおりである。

・高圧規程	：高圧受電設備規程（JEAC 8011-2020）
・内線規程	：内線規程（JEAC 8001-2022）
・自家用保安管理規程	：自家用電気工作物保安管理規程（JEAC 8021-2023）
・電技省令	：電気設備に関する技術基準を定める省令
・電技解釈	：電気設備の技術基準の解釈
・系統連系ガイドライン	：電力品質確保に係る系統連系技術要件ガイドライン
・安衛法	：労働安全衛生法
・安衛則	：労働安全衛生規則
・JIS	：日本産業規格
・JEAC	：電気技術規程
・JEAG	：電気技術指針
・JEC	：電気学会電気規格委員会規格
・JEM	：日本電機工業会規格
・JESC	：日本電気技術規格委員会
・JCS	：日本電線工業会規格
・JCAA	：日本電力ケーブル接続技術協会規格

発刊に参加した委員の氏名

需 要 設 備 専 門 部 会

（令和5年10月現在）
（敬称略・委員は五十音順）

部会長	高 橋 健 彦	関東学院大学	
副部会長	石 井 勝	東京大学	
委 員	浅 賀 光 明	(株)関電工	
〃	阿 部 達 也	(一社)日本配線システム工業会	
〃	遠 藤 雄 大	(独)労働者健康安全機構 労働安全衛生総合研究所	
〃	岡 﨑 淳 也	(株)きんでん	
〃	鬼 木 嗣 治	送配電網協議会	
〃	小 野 塚 能 文	(株)日本設計	
〃	菊 地 聡	(独)都市再生機構	
〃	郡 司 勉	(一社)日本電線工業会	
〃	小 西 将 道	(一社)日本電設工業協会	
〃	清 水 恵 一	(一社)日本照明工業会	
〃	新 屋 敷 光 宣	(一社)日本電機工業会	

委 員	芹 澤 裕 一	電気保安協会全国連絡会	
〃	中 野 弘 伸	職業能力開発総合大学校	
〃	中 村 徳 昭	全国電気管理技術者協会連合会	
〃	飛 田 恵 理 子	東京都地域婦人団体連盟	
〃	松 橋 幸 雄	全日本電気工事業工業組合連合会	
〃	松 村 徹	(一社)日本電力ケーブル接続技術協会	
〃	水 上 康 生	三菱地所(株)	
〃	道 下 幸 志	静岡大学	
〃	森 田 潔	(一社)電気設備学会	
〃	渡 邊 靖 之	(一財)電気安全環境研究所	

5

規格解説分科会

高圧受電設備規程Q&A
目次

序文··· 1

国の基準と民間規格との関係································· 3

略号··· 4

発刊に参加した委員の氏名······································· 5

第1章 序及び標準施設に関するQ&A

Q1-1 「高圧受電設備規程」とは？·····························12

Q1-2 高圧規程の適用範囲について教えて·············16

Q1-3 受電設備容量の考え方と制限について教えて····18

Q1-4 保安上の責任分界点について教えて·············20

Q1-5 GR付PASと主遮断装置の保護協調、選定について教えて····23

Q1-6 受電設備容量の制限の考え方を教えて·············25

Q1-7 高圧地中引込線と他物との離隔距離について教えて····28

Q1-8 高圧引込ケーブルの保護について教えて·············30

Q1-9 受電室の施設に関する規定について教えて·············32

Q1-10 キュービクルの保有距離について教えて·············35

Q1-11 屋外に施設する受電設備の施設について教えて····37

Q1-12 消火器及び消火設備について教えて·············40

Q1-13 電力需給用計量器の取付高さについて教えて····43

Q1-14 キュービクルと建物との離隔について教えて····44

Q1-15 屋外キュービクルのさく等の施設について教えて····46

Q1-16 主遮断装置の操作用電源について教えて·············48

Q1-17 避雷器の設置について教えて·····························50

Q1-18 本線と予備線で受電する場合のインターロックについて教えて····52

Q1-19 非常用予備発電装置起動用UVRの施設位置について教えて····54

Q1-20 分岐高圧母線の太さについて教えて ‥‥‥‥‥‥‥‥‥‥‥‥‥ 56
Q1-21 断路器の施設方法を教えて ‥‥‥‥‥‥‥‥‥‥‥‥‥‥‥‥ 59
Q1-22 KIC電線の選定方法について教えて ‥‥‥‥‥‥‥‥‥‥‥‥ 62
Q1-23 設備不平衡率と変圧器容量について教えて ‥‥‥‥‥‥‥‥‥ 64
Q1-24 高圧進相コンデンサの定格設備容量について教えて ‥‥‥‥‥ 66
Q1-25 高圧進相コンデンサへの直列リアクトルの
取付け義務について教えて ‥‥‥‥‥‥‥‥‥‥‥‥‥‥‥‥ 69
Q1-26 避雷器の接地と接地抵抗について教えて ‥‥‥‥‥‥‥‥‥‥ 71
Q1-27 キュービクルの金属製外箱のD種接地工事について教えて ‥‥ 74
Q1-28 B種接地工事における接地線の太さについて教えて ‥‥‥‥‥ 76
Q1-29 混触防止板に施す接地線の太さと共用する接地線の太さに
ついて教えて ‥‥‥‥‥‥‥‥‥‥‥‥‥‥‥‥‥‥‥‥‥‥ 81
Q1-30 B種接地工事の接地抵抗値の算出方法について教えて ‥‥‥‥ 84
Q1-31 接地線の防護について教えて ‥‥‥‥‥‥‥‥‥‥‥‥‥‥‥ 87
Q1-32 高圧ケーブル端末のストレスコーンについて教えて ‥‥‥‥‥ 89
Q1-33 シュリンクバック（収縮）防止対策について教えて ‥‥‥‥‥ 91
Q1-34 ケーブルの片端接地の要件について教えて ‥‥‥‥‥‥‥‥‥ 93
Q1-35 高圧ケーブルの両端接地について教えて ‥‥‥‥‥‥‥‥‥‥ 95
Q1-36 ケーブルの片端接地でのケーブル長について教えて ‥‥‥‥‥ 97
Q1-37 高圧ケーブルのシールド接地について教えて ‥‥‥‥‥‥‥ 100
Q1-38 高圧ケーブルの遮へい層の接地方式等について教えて ‥‥‥ 102
Q1-39 高圧CVケーブルのE-T型とE-E型について教えて ‥‥‥‥ 104
Q1-40 認定及び推奨キュービクルについて教えて ‥‥‥‥‥‥‥‥ 106
Q1-41 ビルの構造体の接地抵抗測定法について教えて ‥‥‥‥‥‥ 110
Q1-42 PASの定格電流の選定について教えて ‥‥‥‥‥‥‥‥‥‥ 111
Q1-43 定格短時間耐電流と定格短絡投入電流について教えて ‥‥‥ 112
Q1-44 開閉器のバリヤについて教えて ‥‥‥‥‥‥‥‥‥‥‥‥‥ 113
Q1-45 汎用高圧機器の更新時期について教えて ‥‥‥‥‥‥‥‥‥ 114
Q1-46 絶縁保護具等の絶縁性能について教えて ‥‥‥‥‥‥‥‥‥ 115
Q1-47 保安業務における点検について教えて ‥‥‥‥‥‥‥‥‥‥ 118
Q1-48 電気設備における清掃の重要性について教えて ‥‥‥‥‥‥ 120
Q1-49 絶縁耐力試験と絶縁抵抗測定について教えて ‥‥‥‥‥‥‥ 121
Q1-50 地絡方向継電器の動作原理と位相特性試験等を行う
意味について教えて ‥‥‥‥‥‥‥‥‥‥‥‥‥‥‥‥‥‥ 126

第2章 保護協調・絶縁協調に関するQ&A

Q2-1 「保護協調」について教えて ……………………………………… 130

Q2-2 過電流保護協調と地絡保護協調の考え方を教えて ……………… 132

Q2-3 PF・S形及CB形の動作協調について教えて …………………… 138

Q2-4 単相変圧器、三相変圧器を一括して限流ヒューズで
保護する場合について教えて ……………………………………… 140

Q2-5 配電用変電所のCTの整定値について教えて …………………… 142

Q2-6 過電流継電器（OCR）の電流タップ値について教えて ………… 144

Q2-7 高圧進相コンデンサの保護装置について教えて ………………… 145

Q2-8 変流器（CT）の過電流定数の求め方について教えて ………… 148

Q2-9 地絡過電圧継電器（OVGR）の設置目的について教えて ……… 150

Q2-10 地絡事故が発生した場合の保護協調について教えて ………… 152

Q2-11 地絡故障保護の考え方を教えて ………………………………… 154

Q2-12 地絡保護協調の考え方を教えて ………………………………… 156

Q2-13 絶縁協調に関する基本事項について教えて …………………… 159

第3章 高調波対策及び発電設備等の系統連系に関するQ&A

Q3-1 高調波流出電流の上限値に用いる「契約電力相当値」
について教えて ……………………………………………………… 162

Q3-2 高調波対策に関する基本事項について教えて ………………… 164

Q3-3 総合電流ひずみ率の上限の規制について教えて ……………… 168

Q3-4 直列リアクトルの高調波障害対策について教えて …………… 170

Q3-5 アクティブフィルタの設置目的等について教えて …………… 172

Q3-6 直列リアクトルの設置目的等について教えて ………………… 174

Q3-7 「系統連系技術要件ガイドライン」の電技解釈への
取り入れについて教えて ………………………………………… 176

Q3-8 高圧需要家施設の低圧発電機の連系について教えて ………… 180

Q3-9 発電設備の単独運転検出装置と発電機の電力系統連系に
ついて教えて ……………………………………………………… 181

Q3-10 高圧電路の絶縁抵抗許容値等について教えて ……………… 184

Q3-11 絶縁監視装置を設置するメリットについて教えて ………… 187

第1章

序及び標準施設に関するQ&A

「高圧受電設備規程」とは？

高圧受電設備規程はどのような民間規格ですか？また、国の基準である「電気設備に関する技術基準を定める省令」とどのような関係がありますか。

A 1-1　「高圧受電設備規程」（以下、「高圧規程」という）は、高圧受電設備に関する施設方法、機器・電線の性能、保守・点検、保護協調、絶縁協調、高調波対策、発電設備等の系統連系要件について規定した民間規格です。自家用電気工作物として施設される高圧受電設備が原因となる電気事故及びこれに起因する波及事故を防止し、電気保安の確保を図るため、発行されました。

高圧受電設備の設置者には、国の基準である電技省令の適合維持義務が課せられています。性能のみを規定している電技省令に対し、高圧規程は電技省令に適合するよう高圧受電設備の施設方法等を具体的かつ詳細に規定した民間規格となっています。

解説

○高圧規程の概要について

電気工作物の工事、維持及び運用を規制する法律として電気事業法があります。電気事業法は、自家用電気工作物の設置者に対し第39条において技術基準適合維持義務を課しており、電気設備に関する技術基準は電技省令となっています。

さらに、電技省令の技術的要件を満たすため、具体的な資機材、施工方法等を示した電技解釈が公表されています。

高圧規程は、これら電技省令・電技解釈を補完する民間規格として、高圧受電設備の施設方法、機器の性能、保守・点検、保護協調、絶縁協調、高調波対策、系統連系要件について、技術上必要な事項を具体的かつ細部にわたり規定しています。

○高圧規程の制定について

自家用電気工作物の高圧受電設備に関わる電気事故及び当時の電気事業者（現：一般送配電事業者）の配電系統への波及事故を防止するため、1973年6

月に当時の通商産業省公益事業局長から通達「高圧受電設備の施設指導要領」が定められたことを踏まえ、日本電気協会より1973年9月に民間規格である「高圧受電設備指針（高圧需要家受電設備研究委員会 編）」が発行されました。高圧受電設備指針は、高圧受電設備の設計・施工及び保守点検等に際し適切な指針として広く活用されてきました。

1995年12月に「高圧受電設備の施設指導要領」が廃止し、また、1997年3月には、電技省令が全面改正により性能規定化され、同年5月に電技解釈が制定されました。

こうした背景から、高圧受電設備指針の見直しが行われ、2002年8月に高圧規程が発行されました。

高圧規程は、従前の「高圧受電設備指針」の内容をベースとし、当時の技術動向（電技省令の改正、電技解釈の制定、その他関連法令・規格）を反映し、現在は2020年版が最新のものとなっています。

表1　高圧規程制定の変遷

西 暦	和 暦	高圧受電設備規程制定の流れ
1973	昭和48	6月「高圧受電設備の施設指導要領」 （資源エネルギー庁公益事業部長通達）策定 **国** ▼ 9月「高圧受電設備指針」発行 （高圧需要家受電設備研究委員会 編）
1978	昭和53	8月「高圧受電設備の施設指導要領」改正 **国** に伴い、 「高圧受電設備指針（改定版）」発行
1995	平成7	12月「高圧受電設備の施設指導要領」廃止 **国**
1997	平成9	3月「電気設備の技術基準」全面改正 **国** 5月「電気設備の技術基準の解釈」制定 **国**
2000	平成12	9月「高圧受電設備規程」制定のための調査・研究 使用設備専門部会「高圧受電設備分科会」
2002	平成14	3月　使用設備専門部会で制定案の承認 5月　日本電気技術規格委員会（JESC）で制定案の承認 ▼ 8月「高圧受電設備規程（JEAC 8011-2002）」発行
2020	令和2	11月「高圧受電設備規程（JEAC 8011-2020）」改定版発行

［凡例］ **国** ：国の対応

また、高圧受電設備は自家用電気工作物に該当するため、設置者は、電気事業法の「技術基準の適合維持義務（第39条）」、「保安規程の作成、届出、遵守（第42条）」、「電気主任技術者の選任、届出、外部委託（第43条）」が義務付けられています。

　日本電気協会で発行している民間規格は、「電気技術規程」（英名：Japan Electric Association Code、通称：JEAC_{ジェアック}）と、「電気技術指針」（英名：Japan Electric Association Guide、通称：JEAG_{ジェアッグ}）があります。「JEAC」と「JEAG」の特徴について、表2にまとめました。

表2　「JEAC」と「JEAG」の特徴（一部抜粋）

電気技術規程 （JEAC）	・法令で抽象的、難解な表現となっている電技省令及び電技解釈の条項について、法令の記述形式にとらわれず、法令に定められている主旨を汲みとり、明確かつ具体的にする。 ・新技術の開発、新製品の出現、社会情勢の変遷等により、電技解釈に記されていない方法により施設する場合や新しい資機材を使用して施設する場合、それらが電技省令を満足し「民間の自己責任としての運用」ができるようなものを規定する。
電気技術指針 （JEAG）	・今後、改良が期待されるものや保安上「規程」として制定することが必要と考えられるが研究開発課題である事項等、一律に定めることが困難又は不適当な数多くの事項がある場合の技術的内容を取り扱う。

　例えば、高圧規程は「JEAC」ですので、図1のとおり規程タイトルの下にJEAC 8011の規格番号が掲載され、需要設備専門部会で承認された年が2020年のため、JEAC 8011-2020となっています。また、高圧規程は、規格を作成した需要設備専門部会にて審議後、民間規格評価機関である「日本電気技術規格委員会」（英名：Japan Electrotechnical Standards and Codes Committee　通称：JESC_{ジェスク}）にて審議・承認を経ています。（高圧規程の（17ページ）に日本電気技術規格委員会の委員名簿が掲載されております。）なお、JESCの規格番号であるJESC E0013（2020）の番号も右上に付与されています。

図1　高圧規程の規格番号の表記

コラム 「高圧受電設備の施設指導要領」の内容について

　高圧規程の前身である高圧受電設備指針は、当時の通商産業省公益事業局長の通達で定められた「高圧受電設備の施設指導要領」に基づいた民間規格として制定されました。高圧規程も高圧受電設備指針の内容を継承しつつ、今日的に見直しを行いながら現在に至ります。

　「高圧受電設備の施設指導要領」は1995年に廃止されましたが、参考に1989年11月当時の「高圧受電設備の施設指導要領」の概要を以下にまとめましたので一部をご紹介します。

(1) 保安上の責任分界点に関する規定
・保安上の責任分界点は、自家用電気工作物設置者の構内に設定すること。ただし、電力会社（現：一般送配電事業者）が自家用引込線専用分岐開閉器を施設する場合など特別な理由の場合は構外に設定することができる。

(2) 区分開閉器に関する規定
・保安上の責任分界点には、区分開閉器を施設すること。ただし、電力会社（現：一般送配電事業者）が自家用引込線専用分岐開閉器は、保安上の責任分界点に近接する箇所に区分開閉器を施設できる。
・区分開閉器には、負荷電流を開閉できる高圧交流負荷開閉器を使用すること。

(3) 主遮断装置
・保安上の責任分界点の負荷側電路には、責任分界点に近い箇所に主遮断装置を施設すること。
・主遮断装置は、電路に過電流及び短絡電流を生じたときに自動的に電路を遮断する能力を有すること。
・主遮断装置はJIS（現：日本産業規格）に適合する遮断器であること。ただし、受電設備容量が300kVA以下で負荷設備に高圧電動機を有しない場合は、電力ヒューズと高圧交流負荷開閉器とを組み合わせたものを使用することができる。
・主遮断装置は、電力会社（現：一般送配電事業者）の変電所における過電流保護装置との動作協調を保ち、かつ、受電用変圧器二次側の過電流遮断器との動作協調が保たれていること。

(4) 地絡遮断装置
・保安上の責任分界点又はこれに近い箇所には、地絡遮断装置を施設すること。
・電力会社（現：一般送配電事業者）の変電所の地絡保護装置との動作協調が十分に保たれていること。

(5) 結線の簡素化
・受電設備構内の結線は、できるだけ簡素化する。
・責任分界点から主遮断装置の間には、電力需給用計器用変成器、地絡保護継電器用変成器、受電電圧確認用変成器、主遮断装置開閉状態表示用変成器及び主遮断装置操作用変成器以外の計器用変成器を設置しないこと。

(6) 機器に関する規定
・計器用変成器はモールド形のものを使用し、地絡方向継電器と組み合わせて使用する場合はコンデンサ形のものを使用すること。
・変圧器の一次側に開閉器を施設する場合は、高圧交流負荷開閉器を使用すること。ただし、変圧器のバンク容量が300kVA以下の場合は高圧カットアウトを使用できる。
・高圧進相コンデンサに開閉器を施設する場合は、高圧交流負荷開閉器を使用し、高圧進相コンデンサのバンク容量が50kVA以下の場合は高圧カットアウトを使用できる。
・高圧受電設備に使用する機械器具及び電線は、JIS（現：日本産業規格）に適合したものを使用すること。

Q 1-2 高圧規程の適用範囲について教えて

高圧規程の適用範囲を具体的に教えてください。

A 1-2 高圧規程は、一般送配電事業者から受電する高圧受電設備の施設、保守・点検、絶縁協調、保護協調に関する内容を基本に、高調波対策及び発電設備の系統連系について適用範囲としています。

解説 ●

高圧規程の適用範囲は、第0020-1条「適用範囲」に「一般送配電事業者から高圧で受電する自家用電気工作物」と規定しています。高圧受電設備の施設、保守・点検、絶縁協調、保護協調を基本に規定していますが、その他、高調波対策及び発電設備等の系統連系に関しても高圧規程の適用範囲としています。

これは、高圧規程の第0030-1条第⑨号の高圧受電設備の定義に、「高圧の電路で一般送配電事業者の電気設備と直接接続されている設備であって、区分開閉器、遮断器、負荷開閉器、保護装置、変圧器、避雷器、進相コンデンサ等により構成される電気設備をいい、高調波抑制設備及び発電機連系設備を含む。」と規定されています。なお、特別高圧の受電設備は高圧規程の対象外ですが、第0020-1条「適用範囲」〔注2〕で特別高圧需要家の二次変電所等の構内高圧設備（図1のようなケース）には適用してもよいこととしています。

前述の適用範囲を踏まえ、高圧規程の編成は図2のとおりとなっています。

図1　特別高圧需要家における構内高圧設備の適用イメージ

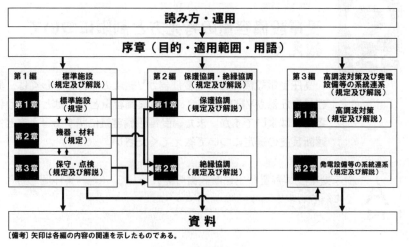

〔備考〕矢印は各編の内容の関連を示したものである。

図2　高圧規程の編成

　高圧受電設備は、防火上の観点から消防法に基づく火災予防条例、労働者の安全確保の観点から安衛法にも関連しますので、これら必要な内容を高圧規程で規定しています。

　高圧受電設備から引き出された高圧配線、高圧機器等の施設は、高圧規程の適用範囲外となります。したがって、電技省令、電技解釈に準じて施設することになりますが、民間規格として、自家用電気工作物構内の電線路、電気使用場所における高圧配線、高圧機器の設置について規定した、内線規程もありますので併せてご参照ください。

コラム　高圧受電設備規程の目的

　高圧規程の目的は、高圧規程第0010-1条「高圧受電設備規程の目的」に示されているように、「高圧受電設備として施設する自家用電気工作物が、人体に危害を及ぼし、若しくは物件に損傷を与え、又は他の電気設備その他の物件に電気的若しくは磁気的障害を与えないようにするとともに、その損壊により一般送配電事業者の電気の供給に著しい支障を及ぼさないよう施設上及び保守上守るべき技術的な事項などについて定め、電気保安を確保すること」と規定しています。

　国の電技省令、電技解釈は、必要最低限の保安基準を規定していることに対し、高圧規程は、高圧受電設備の必要かつ詳細な内容について、国の基準よりも詳細に規定しているのが特徴です。

受電設備容量の考え方と制限について教えて

高圧受電設備における変圧器がV結線の場合、もしくは、異容量変圧器がV結線の場合、受電設備容量としてはどのように考えればよいですか。また、受電設備容量に関する考え方と主遮断装置の選定について教えてください。

受電設備容量と主遮断装置の考え方について、具体例をもとに解説します。

解説 ••

○変圧器が同容量V結線の場合

変圧器単器容量の合計に利用率0.866（$\sqrt{3}/2$）を乗じた値を受電設備容量としています。（V結線の場合、出力を機器容量とみなします）

【計算例】

単相変圧器 $T = 100$ kVA 2台でV結線とした場合の受電設備容量

$$受電設備容量 = (T \times 2) \times \frac{\sqrt{3}}{2} = (100 \times 2) \times \frac{\sqrt{3}}{2} \fallingdotseq 173.2 \text{ kVA} \cdots\cdots ①$$

○変圧器が異容量V結線の場合

異容量V結線とは、定格容量が異なる2台の単相変圧器をV接続したものをいい、単相（電灯）負荷と三相（動力）負荷に単相変圧器2台で電力を供給することができます。2台の単相変圧器のうち、単相（電灯）負荷と三相（動力）負荷に電力を供給できる単相変圧器を「共用変圧器」、三相（動力）負荷のみ電力を供給する単相変圧器を「専用変圧器」といいます。

【計算例】

共用変圧器 T_a=100kVA、専用変圧器 T_b=50kVAの時、変圧器が異容量V結線の場合の受電設備容量

$$受電設備容量 = (T_a - T_b) + 2T_b \times \frac{\sqrt{3}}{2}$$
$$= (100 - 50) + 2 \times 50 \times \frac{\sqrt{3}}{2} \fallingdotseq 136.6 \text{ kVA} \cdots\cdots\cdots\cdots\cdots\cdots②$$

A1-3より、設備容量により制限される「主遮断装置」とは、責任分界点の負荷側電路に最初に施設される遮断装置のみをいいます。

　また、高圧規程第0030-1条第⑪号には、次のとおり定義されています。

Q 1-4 保安上の責任分界点について教えて

高圧規程では保安上の責任分界点を設け、責任分界点には区分開閉器を施設することが規定されています。保安上の責任分界点を設定する理由は何ですか。また、図1のように区分開閉器の設置例が規定されていますが、責任分界点の設定にあたり考慮すべき点を教えてください。

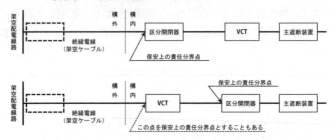

図1　区分開閉器の設置例 [高圧規程1101-1図のb]

A 1-4　保安上の責任分界点は、一般送配電事業者と自家用電気工作物設置者において、どこまでお互いに保安責任を持つかを明確に定めるために設定する分界点です。保安上の責任分界点は、当該自家用電気工作物を電気主任技術者等が保守・管理を行いやすいよう自家用電気工作物の構内に設定することが適切です。

ただし、一般送配電事業者が自家用引込線専用の分岐開閉器を施設する等の特別な場合には、自家用電気工作物の構外に設置することができますが、あくまでも保守・管理の観点から、保安上の責任分界点は、自家用電気工作物の構内に設置するのが適切であると考えます。

また、財産分界点についても保安上の責任分界点を一致した箇所に設けるのが望ましいです。

解説 ••

保安上の責任分界点は、一般送配電事業者と自家用電気工作物設置者において、どこまでお互いに保安責任を持つかを明確にするための分界点です。分界点を設定することで、事故が発生した場合にその原因が保安上の責任分界点の電源側であるか、負荷側であるかにより責任の所在を明確にします。

また、保守・管理上において、自家用電気工作物を電気主任技術者等がどこまでを保守・点検・検査するのか明確になり、適切な運用を行うことができます。

高圧規程第1110-1条のただし書きにおいては、一般送配電事業者が自家用引込線専用の分岐開閉器を施設する等の特別な場合には、保安上の責任分界点を自家用電気工作物の構外に設置することができることとなっていますが、保守・管理の観点から自家用電気工作物の構内に設けることが適切です。

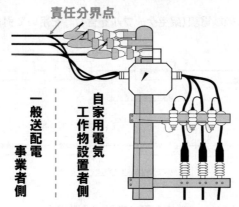

図2　保安上の責任分界点に関するイメージ

なお、図2のように責任分界点からみて自家用電気工作物設置者側の原因により波及事故発生に至った場合は、電気関係報告規則第3条に基づき、事故の発生を知った時から24時間以内に電話・FAX等で連絡（速報）、事故の発生を知った日から起算して30日以内に電気事故報告書（詳報）を提出する必要があります。責任分界点の場所は、一般送配電事業者との運用に関連しますので、両者の協議により定められることになっています。

図3に保安上の責任分界点の設定例および区分開閉器の設置例を掲載しています。

a 架空配電線路から地中ケーブル（架空ケーブルを含む。）を用いて引き込む場合

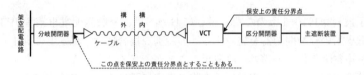

b 架空配電線路から絶縁電線（架空ケーブルを含む。）を用いて引き込む場合

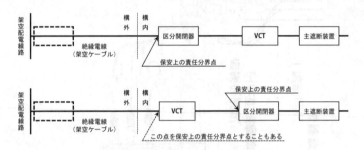

c 地中配電線路から地中ケーブルを用いて引き込む場合

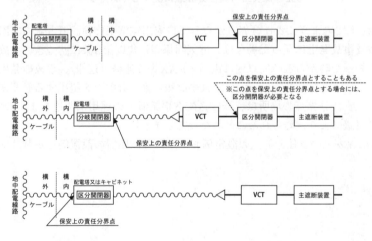

〔備考〕┈┈┈┈┈は一般送配電事業者が分岐開閉器を施設する場合があることを示す。

図3 保安上の責任分界点の設定例及び区分開閉器の設置例 ［高圧規程1110-1図］

22

Q 1-5 GR付PASと主遮断装置の保護協調、選定について教えて

受電点に設置されるGR付PASと受電設備の主遮断装置の短絡事故や地絡事故時の保護協調は、どうあるべきか教えてください。

A 1-5

GR付PASと主遮断装置の保護協調、選定基準の考え方については、以下のとおりです。

解説

○ GR付PASと主遮断装置の保護協調について

　短絡事故の場合、主遮断装置より負荷側で短絡事故が発生した場合はすべて主遮断装置であるCBかPFにより保護し、波及事故を防止することになります。主遮断装置より電源側で短絡事故が発生した場合、GR付PASは、遮断容量が小さいため、ロックされ、一般送配電事業者のOCRが動作し、一度配電線が停止します。SOG形のものにあっては、引き続き配電線停止による無電圧を感知し、GR付PASのSO機能によりPASが開放されます。その後、配電線に電気が再送され、PAS電源側まで復電（1分程度経過後）します。再送電が成功した場合には、電気関係報告規則による波及事故の報告を国に行う必要はないことになっています。

　地絡事故の場合、高圧規程1140-2図では「受電点にGR付PASが施設されている場合」、「受電点にGR付PASが施設されていない場合」について図示し、受電点もしくは受電設備のどちらかで地絡事故の対策ができるよう規定しています。

　これは、地絡事故の場合、GR付PASと受電設備の主遮断装置の協調が取りづらいことが主な理由です。

　PASは、高圧規程第1110-1条「保安上の責任分界点の設定」により施設することになっています。これをGR付PASにするかどうかは、高圧規程第1110-4条「地絡遮断装置の施設」により判断します。責任分界点から受電設備までの間のケーブルの長さ及び太さに応じて、ケーブルでの地絡による波及事故を防止するためにGR付PASが必要となります。

　このように「地絡による波及事故のおそれがない」と判断される場合、GR

付PASにする必要はありませんので責任分界点から受電設備の主遮断器までの施設の状況により判断してください。

コラム　GR付PASの種類と特徴

　GR付PAS及びDGRについては、高圧規程第1140-1条「結線」第3項の1140-1図において、その種類と共に結線図が示されています。

　雷による事故防止の観点からは、避雷器の設置がありますが、PASの中に避雷器があるかないかで種類が分かれます。PASの中に組み込まれている形式のものの方が、避雷効果は大きいといわれています。（高圧規程第2220-5条　「3.地絡継電装置付高圧交流負荷開閉器（GR付PAS）接地工事の留意点」参照）

　一方、開閉器のトリップ電源を受電設備から供給するか、PASの中のVTから得るかによって形式が分かれています。VTがPASの中に内蔵されているものは、受電設備がトリップして電源が喪失した時でも機能を発揮できます。

　機械的には、高圧規程第1215-1条に過電流ロック機能と過電流蓄勢トリップ付地絡トリップ形（SOG）であることが要求されています。SOGは、短絡事故の場合はロックされ、配電用変電所のOCRを動作させますが、配電線が停電したことを検知してPASが開路するので、配電線の再閉路が成功し、停電事故に発展しないように開発されたものです。

Q 1-6

受電設備容量の制限の考え方を教えて

受電設備容量の制限が規定されていますが、規定の内容はどのような考え方に基づいていますか。（高圧規程第1110-5条「受電設備容量の制限」）

また、PF・S形キュービクル式高圧受電設備の設備容量の限度を300kVA以下に制限している理由を教えてください。

A 1-6

施設場所の自然環境、保守上の利便性及び保護協調を勘案し、保安確保を図るため容量制限が加えられています。受電設備容量の制限について、詳細をまとめました。

解説

○ 受電設備容量の制限の考え方について

受電設備容量については、高圧規程第0030-1条第⑪号において受電設備容量とは、「受電電圧で使用する変圧器、電動機などの機器容量（kVA）の合計をいう。ただし、高圧電動機は、定格出力（kW）をもって機器容量（kVA）とみなし、高圧進相コンデンサは、受電設備容量には含めない。」と定義しております。なお、JIS C 4620「キュービクル式高圧受電設備」において受電設備容量は、「受電電圧で使用する変圧器、高圧引出し部分（電動機を含む）などの合計容量（kVA）」と定義されています。なお、高圧電動機は、定格出力（kW）をもって機器容量（kVA）とし、高圧進相コンデンサは、受電設備容量には含めないとされています。

受電設備容量の制限は、高圧規程第1110-5条「受電設備容量の制限」により、PF・S形では、箱に収めない屋外式のものを除き、すべて300kVAと規定されました（表1）。その根拠は、配電変電所のOCRとPF・S形の限流ヒューズとの動作協調により決定されます。

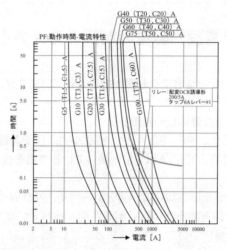

図1　誘導形過電流継電器との協調検討例［高圧規程2120-5図（a）］

○ PF・S形の設備容量について

　表1に主遮断装置の形式と受電設備方式並びに設備容量を示します。

　屋外式であって柱上式のものは、他の方式より耐環境性及び保守上の利便性がよくないため上限値を100kVAとしています。PF・S形であって箱に収めない屋内式及び箱に収めるものを300 kVAとしているのは、一般送配電事業者の配電用変電所の過電流保護装置との動作協調の確保の点から規定されたものです。（高圧規程第2120-2条「動作協調」1.「PF・S形における動作協調」① PF・S形の主遮断装置としての動作協調と適用限界 参照）

　高圧規程では配変OCRを変流比200/5A、タップ値6A、タイムレバー値 #1としており、実際には供給元の配変OCRの設定により図1の動作曲線をもとに、自家用側のPFとの動作協調を検討します。自家用側のPFは、配変OCRより小電流かつ短時間で動作するよう設定しなければなりません。配電用変電所の過電流継電器の整定値及び限流ヒューズの遮断特性が図1に示す条件であれば、$kT_{RY1} > T_{PF}$を満足する限流ヒューズの定格電流は、最大G50Aとなります（表2参照）。

表1　主遮断装置の形式と受電設備方式並びに設備容量［高圧規程1110-1表］

受電設備方式		主遮断装置の形式	CB形 (kVA)	PF・S形 (kVA)
箱に収めないもの	屋外式	屋上式	制限なし	150
		柱上式	—	100
		地上式	制限なし	150
	屋内式		制限なし	300
箱に収めるもの	キュービクル (JIS C 4620 (2018)「キュービクル式高圧受電設備」に適合するもの)		4,000	300
	上記以外のもの (JIS C 4620 (2018)「キュービクル式高圧受電設備」に準ずるもの又はJEM 1425 (2011)「金属閉鎖形スイッチギヤ及びコントロールギヤ」に適合するもの)		制限なし	300

〔備考1〕表の欄に−印が記入されている方式は、使用しないことを示す。柱上式の制限は、高圧規程第1110−6条「受電設備方式の制限」を参照のこと。

〔備考2〕「箱に収めないもの」は、施設場所において組み立てられる受電設備を指し、一般的にパイプフレームに機器を固定するもの（屋上式、地上式、屋内式）や、H柱を用いた架台に機器を固定するもの（柱上式）がある。

〔備考3〕箱に収めるものは、金属箱内に機器を固定するものである。（高圧規程第1275節「キュービクル（キュービクル式高圧受電設備及び金属箱に収めた高圧受電設備）」参照。）

表2　限流ヒューズの最大適用の例［高圧規程2120-3表］

限流ヒューズの定格電流（A）	G 50（G 40）	G 75（G 50）
受電電力（契約電力）（kW）	150	195
三相変圧器容量（kVA）	150	200
単相変圧器容量（kVA）	75	100
合計変圧器容量（kVA）	225	300
配電用変電所の過電流継電器（誘導形）の条件	CT比200／5 A タップ6 A（240 A相当） タイムレバー値＃1	CT比400／5 A タップ4 A（320 A相当） タイムレバー値＃1
配電用変電所の過電流継電器（静止形）の条件	CT比200／1 A タップ1.2 A（240 A相当） 240 A；0.5 s、480 A；0.2 s	CT比400／1 A タップ0.8 A（320 A相当） 320 A；0.5 s、640 A；0.2 s

※限流ヒューズの定格電流の（　）内数値は、配変OCR が静止形の場合の適用参考例を示す。

Q 1-7 高圧地中引込線と他物との 離隔距離について教えて

　高圧地中引込線（高圧地中ケーブル）とガス管や水道管との離隔距離は何cmですか。また、弱電流電線との離隔距離は何cmですか。

A 1-7　高圧地中引込線（高圧地中ケーブル）とガス管との離隔距離は特に規定されていませんが、各管路管理者と協議の上、対応してください。

解説 ･･･

　高圧地中引込線の施設については、高圧規程第1120-3条に定められています。高圧規程第1120-3条第2項により高圧ケーブルによる地中引込線は、管路式、暗きょ式又は直接埋設式で施設することになり、ケーブルがガス管や水道管と直接接近するのは、直接埋設式による場合のみと思われます。この場合の離隔距離は、高圧規程第1120-3条第13項の規定により、ケーブルがガス管、水道管又はこれらに類するものと接近又は交差する場合においては、各管路管理者と協議の上、必要に応じてケーブルを堅ろうな金属管に収めるなどして防護することになっています。

　高圧地中ケーブルと地中弱電流電線との離隔距離は、高圧規程第1120-3条第11項より、電技解釈第125条に準じて施設することとなります。

　基本的に高圧地中ケーブルと地中弱電流電線との離隔距離は、30cm以上とし、それを確保できない場合は、高圧地中ケーブルと地中弱電流電線との間に堅ろうな耐火性の隔壁を設ける等の対策が必要となっています。

　その他、地中弱電流電線の管理者との承諾を得た場合や、地中弱電流電線が電力保安通信線である場合には、除外規定がありますので、それらを踏まえ対応してください。

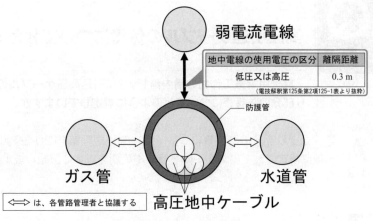

図1 高圧地中引込線と他物との離隔距離（イメージ）

Q 1-8 高圧引込ケーブルの保護について教えて

自家用電気工作物の構内第1号柱に引込高圧ケーブルの立上り部分の防護管についてどのように規定していますか。

A 1-8 立上り部分の防護管については、高圧規程第1120-3条第14項に規定されています。防護管の施設例を以下に記載します。

解説

　高圧引込ケーブルの立上り部分の防護については、高圧規程第1120-3条第14項に規定されています。その項では「ケーブルの立下り、立上りの地上露出部分及び地表付近は、損傷のおそれがない位置に施設し、かつ、これを堅ろうな管などで防護すること」と規定されています。この場合、防護管には雨水の浸入に対する措置を施す必要があります。特に、管の性能について規定されていないので、規定上の問題はありません。ただし、埋設用防護管は直接ものが接触した場合の強度についてどれだけ耐えられるかメーカーに確かめてから使用することをお勧めします。

　参考に、ケーブル引込線を堅ろうな管で防護している様子を図1に示します。

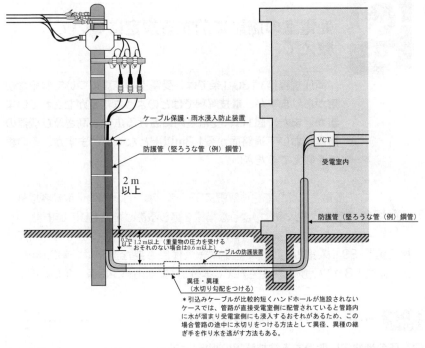

ケーブル保護・雨水浸入防止装置

防護管（堅ろうな管（例）鋼管）

2 m
以上

VCT

受電室内

防護管（堅ろうな管（例）鋼管）

0.2m
以上
1.2 m以上（重量物の圧力を受ける
おそれのない場合は0.6 m以上）

ケーブルの防護装置

異径・異種
（水切り勾配をつける）

＊引込みケーブルが比較的短くハンドホールが施設されない
ケースでは、管路が直接受電室側に配管されていると管路内
に水が溜まり受電室側にも浸入するおそれがあるため、この
場合管路の途中に水切りをつける方法として異径、異種の継
ぎ手を作り水を逃がす方法もある。

〔備考〕図の埋設深さは直接埋設式の例を示す。管路式による場合の埋設深さは高圧規程第1120-3条第4
項を参照のこと。

図1　施設の例〔高圧規程1120-9図をもとに一部編集〕

受電室の施設に関する規定について教えて

高圧規程第1130-1条では、受電室の施設について詳細な規定がありますが、電技解釈ではどのような規定がなされていますか。また、図1は、受電室内における広さ、高さ及び機器の離隔において通路面から1.8m以上となっていますが、その根拠を教えてください。

A 1-9　受電室に関して電技解釈第38条第2項では、構内に取扱者以外の者が立ち入らないような措置を講じることを規定しています。
　また、受電室内における通路面からの高さについては、高圧規程第1130-1条第2項第②号で「保守点検に必要な通路は、幅0.8m以上、高さ1.8 m以上」と規定されています。（安衛則第542条、第543条）

解説 ••

○高圧の受電室に関連する電技解釈の規定について

　高圧の受電室に関連する規定は、電技解釈第38条第2項に以下のとおり規定されています。

電技解釈 ▶ 第38条
【発電所等への取扱者以外の者の立入の防止】

2　高圧又は特別高圧の機械器具等を屋内に施設する発電所等は、次の各号により構内に取扱者以外の者が立ち入らないような措置を講じること。（ただし書き省略）
　一　次のいずれかによること。
　　イ　堅ろうな壁を設けること。
　　ロ　さく、へい等を設け、当該さく、へい等の高さと、さく、へい等から充電部分までの距離との和を、38-1表に規定する値以上とすること。
　二　前項第三号及び第四号の規定に準じること。※1
※1　前項の第三号は、「出入口に立入りを禁止する旨を表示する」、第四号は、「出入口に施錠装置を施設して施錠する等、取扱者以外の者の出入りを制限する措置を講じる」ことが規定されています。

○受電室の施設について（高圧規程第1130-1条）

　電技解釈の規定に加え、消防法、建築基準法、安衛法の観点から、受電室の施設について高圧規程第1130-1条に規定しています。主な規定内容の一部を以下にご紹介します。

・受電室は、湿気が少なく、水が浸入し又は浸透するおそれのない場所を選定するとともに、それらのおそれのない構造とすること。
・受電室は、防火構造又は耐火構造であって、不燃材料で造った壁、柱、床及び天井で区画され、かつ、窓及び出入口には防火戸を設けたものであること。
・爆発性、可燃性又は腐食性のガス、液体又は粉じんの多い場所には、受電室を設置しないこと。
・積雪及び屋根からの雪・氷柱の落下あるいは強風時におけるガラスの破損等により、雨水が吹き込んだり、雨漏りがしないような窓の位置及び強度などを考慮すること。
・窓及び扉は、雨水又は雪が浸入しないようにその位置及び構造に注意すること。
・鳥獣類などが侵入しないような構造にすること。
・機器の搬出入が容易にできるような通路及び出入口を設けること。
・取扱者以外の者が立ち入らないような措置を講じること。

○受電室内の機器配置と保有距離、消火設備の施設について

　受電室内の機器の配置については、取扱者に対する保安確保が主であることから、安衛則を踏まえ、保守点検のために必要な通路を確保することを規定しています。（図1参照）

安衛則 ▶ 第542条【屋内に設ける通路】
第543条【機械間等の通路】

第542条　事業者は、屋内に設ける通路については、次に定めるところによらなければならない。
　一　用途に応じた幅を有すること。
　二　通路面は、つまずき、すべり、踏抜等の危険のない状態に保持すること。
　三　通路面から高さ1.8m以内に障害物を置かないこと。
第543条　事業者は、機械間又はこれと他の設備との間に設ける通路については、幅80cm以上のものとしなければならない。

　さらに、消防法により受電室は防火対象となっていますので、高圧規程第1130-1条第4項第⑦号では、「消火設備の施設」について、次のように規定しています。

・受電設備の電気火災に有効な消火設備（不活性ガス消火設備、ハロゲン化物消火設備、粉末消火設備又は消火器）を適切な場所に設けること。

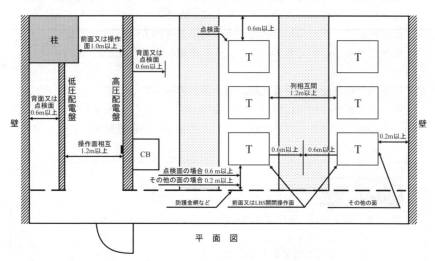

〔備考1〕絶縁防護板を1.8mの高さに設置する場合は、高低圧母線の高さをその範囲内まで下げること
　　　　ができる。
〔備考2〕図示以外の露出充電部の高さは、2m以上とする。
〔備考3〕通路と充電部との離隔距離0.2m以上は、安衛則 第344条で規定されている特別高圧活線作業
　　　　における充電部に対する接近限界距離を参考に規定したものである。なお、露出した充電部から
　　　　の保有距離が0.6m以下で感電の危険が生じるおそれのあるときは、充電部に絶縁用防具を装着す
　　　　るか絶縁用保護具を着用する必要がある。（高圧規程1130-1条第4項第⑤号参照。）

図1　受電室内における機器、配線等の離隔（参考図）
［高圧規程1130-1図をもとに一部編集］

Q 1-10 キュービクルの保有距離について教えて

　　キュービクルを施設する場合の周囲の保有距離は、点検・操作・構造の区分により規定されていますが、表1の各面とは具体的にどこを指していますか。

表1　キュービクルの保有距離　[高圧規程1130-2表]

保有距離を確保する部分	保有距離　[m]
点検を行う面	0.6 以上
操作を行う面	扉幅※ ＋ 保安上有効な距離
溶接などの構造で換気口がある面	0.2 以上
溶接などの構造で換気口がない面	－

〔備考1〕溶接などの構造とは、溶接又はねじ止めなどにより堅固に固定されている場合をいう。
〔備考2〕※は扉幅が1m未満の場合は1mとする。
〔備考3〕保安上有効な距離とは、人の移動及び機器の搬出入に支障をきたさない距離をいう。

図1に各面の具体的な場所をまとめました。

解説 ･･･

　「点検を行う面」とは、扉などの構造ではないですが、囲い板を取り外せる構造となっており、収納機器の点検や取り換え等を行う面をいいます。

　「操作を行う面」とは、扉を有する面であり、機器の操作を行う面をいいます。

　また、「溶接などの構造で換気口がある（ない）面」とは、図2のような前面保守形（薄形）のキュービクルの背面のように、取り外せない構造となっている面（点検又は操作を行わない面）をいいます。なお、取り外せない構造となっている場合でも換気口があり、換気性能の確保が必要な面については0.2m以上の保有距離が必要となります。これは、キュービクル式変電設備等の基準（昭和50年10月1日）東京消防庁告示第11号3.(1)にも規定されているので留意してください。（表2参照）

表2　キュービクルを設置した場合の保有距離　[東京消防庁告示第11号3.(1)]

保有距離を確保すべき部分		保有距離	
		屋内に設ける場合	屋外に設ける場合
周囲	操作を行う面	1.0m以上	1.0m以上。ただし、隣接する建築物又は工作物の部分を不燃材料で造り、当該建築物の開口部に防火設備（建築基準法第2条第9号の2ロに規定する防火設備をいう。）を設けてある場合は屋内に設ける場合の保有距離に準ずることができる。
	点検を行う面	0.6m以上	
	換気口を有する面	0.2m以上	
キュービクル式以外の変電設備、発電設備及び蓄電池設備との間		1.0m以上	

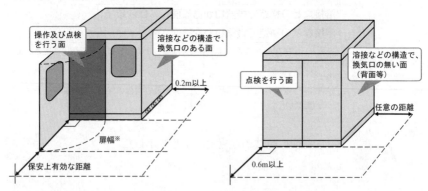

図1　屋内に施設するキュービクルの保有距離　[高圧規程1130-4図]

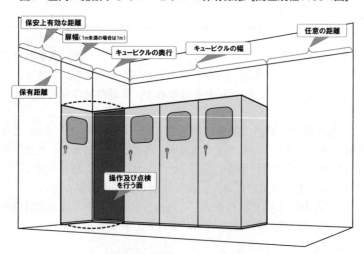

図2　前面保守形のキュービクルの図

Q 1-11 屋外に施設する受電設備の施設について教えて

屋外に施設する高圧の変圧器について、変圧器のブッシングがダクトで覆われ充電部が露出していない変圧器にさく・へいを施設する場合、図1に規定されている $H+L≧5m$、$H≧1.5m$ を遵守する必要がありますか。

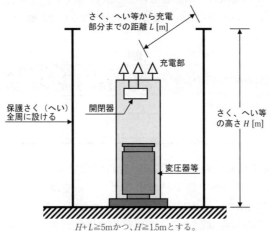

さく、へい等から充電部分までの距離 L [m]

充電部

保護さく（へい）全周に設ける

開閉器

さく、へい等の高さ H [m]

変圧器等

$H+L≧5m$ かつ、$H≧1.5m$ とする。
高圧充電部分と保護さく（へい）との最小離隔距離 $≧0.5m$ とする。

図1　屋外受電設備の保護さく（例）[高圧規程1130-2図]

A 1-11　基本的に高圧規程第1130-2条第1項による必要があります。ただし、高圧規程によることが困難である場合は、電技解釈第38条の規定を踏まえ電気主任技術者とご相談の上、ご判断ください。

解説

屋外に施設する高圧受電設備に関連する規定として電技解釈第38条第1項では、次のとおり規定されています。

▶ 第38条
【発電所等への取扱者以外の者の立入の防止】

　高圧又は特別高圧の機械器具及び母線等を屋外に施設する発電所、蓄電所又は変電所、開閉所若しくはこれらに準ずる場所は、<u>次の各号により構内に取扱者以外の者が立ち入らないような措置を講じること</u>。ただし、<u>土地の状況により人が立ち入るおそれがない箇所については、この限りでない。</u>

一　さく、へい等を設けること。
二　特別高圧の機械器具等を施設する場合は、前号のさく、へい等の高さと、さく、へい等から充電部分までの距離との和は、**表1**に規定する値以上とすること。

表1

充電部分の使用電圧の区分	さく、へい等の高さと、さく、へい等から充電部分までの距離との和
35,000V以下	5m

（一部抜粋）

　高圧受電設備を屋外に施設する場合、電技解釈では、取扱者以外の者が立ち入らないよう、さく、へい等を設けること、若しくは、土地の状況により人が立ち入るおそれがない箇所に施設することとしています。また、表1のとおり、35,000V以下の場合は、さく、へい等の高さと、さく、へい等から充電部分までの距離との和を5m以上と規定しています。

　屋外に高圧の変圧器を施設する場合、基本的に高圧規程第1130-2条第1項により施設する必要があります。ただし、電技解釈第38条では、「さく、へい等から充電部分までの距離との和を5m以上」は特別高圧に対する規定としていること、また、今回のケースは、変圧器の充電部が露出していないことから、さく、へい等の高さHは1.5m以上、さく、へい等から充電部分までの距離Lは任意でよいと考えられますが、変圧器の施設環境、設置される土地の周辺状況、変圧器の保守点検の作業スペースなどを勘案し、最終的には電気主任技術者とご相談の上ご判断ください。

○参考【電技解釈第38条の解説】

　図1では、高圧充電部分と保護さく（へい）との最小離隔距離は、0.5m以上と規定されており、電技解釈の解説において最小離隔距離について使用電圧ごとにまとめられていますので、その一部を紹介します。（表2参照）

電技解釈の解説 ▶ 第38条
【発電所等への取扱者以外の者の立入の防止】

　本条は、高圧又は特別高圧の機械器具等を施設する発蓄変電所等において、取扱者以外の者が構内に立ち入らないような措置を講ずることを示している。

　第1項は、高圧又は特別高圧の機械器具等を屋外に施設する発蓄変電所等は、土地の状況により人の立ち入るおそれがない箇所を除き、第一号から第四号によることとしている。ここで、「土地の状況により」というのは、河川や断崖のように人が立ち入るおそれがないものを指している。

　第一号は、発蓄変電所等の構内に取扱者以外の一般公衆が立ち入らないようにさく、へい等を設けることを示し、更に特別高圧の機械器具等を施設する場合は、人畜その他物体との接触防止のため、充電部分との離隔について第二号で示している。**表2**に示すさく、へい等の高さとさく、へい等から充電部分までの距離との和については、若干考え方の相違する点もあるが、基本的には特別高圧架空電線の地表上の高さと同様であるので、同じ値にしている（→**第87条**）。この場合、さく、へい等と充電部分との離隔については規定していないが、特別高圧架空電線と他の工作物との接近又は交差の規定を参照されたい（→**第102条**、**第106条**）。なお、さく、へい等と充電部分との最小離隔距離について、旧電気技術基準調査委員会では**表2**の値を提案している。

表2　さく、へい等と充電部分との最小離隔距離

使用電圧	最小離隔距離
7kV以下	0.5m
7kVを超え〜175kV超過省略	

（一部抜粋）

　第三号は、出入口に立入禁止の表示をすることを示し、更に施錠装置を施設して施錠する等、取扱者以外の者の出入りを制限する措置を講じることを**第四号**に示している。「取扱者以外の者の出入りを制限する措置」には、例えば守衛等が出入りをチェックする場合や、電動シャッターのようなもので出入口を締め切る場合などが考えられる。

　第2項は、第1項と同様に高圧又は特別高圧の機械器具等を屋内に施設する発変電所等についても、構内に取扱者以外の一般公衆が立ち入らないように施設条件を示したものである。

Q 1-12 消火器及び消火設備について教えて

発変電設備に設ける消火器及び消火設備受電室内には電気火災に有効な消火設備を設けることとなっていますが、ハロゲン化物消火設備は、現在使用禁止ではないのでしょうか。

A 1-12 ハロゲン化物消火設備に使用される消火剤であるハロン1211、1301、2402は、オゾン層を破壊する特定物質として指定されており、1994年1月1日以降は生産されていません。
　現在は、消防環境ネットワークにより、既生産済のハロンはデーターベース化され、既設設備への再利用がされているとともに、必要最小限と判断された部分への新設が認められています。
　消火剤の代替について詳細をまとめました。

解説 ••

　ハロン消火剤の代替として、2001年の消防法施行規則の改正により、新たに窒素ガスをはじめとする不活性ガス消火剤についての技術基準が示されています。

　ハロン代替消火剤を用いるガス消火設備については、ハロン消火剤をすべての分野において完全に代替できるものとなっていないため、必要不可欠な分野に限り、引き続きハロン消火剤を十分な管理のもとに使用できることとなっています。

　表1の〔備考〕（4）にハロゲン化物消火設備の適用例が示されていますが、いずれにしても適用に当たっては、所轄消防署との協議が必要となります。

表1　発変電設備に設ける消火器及び消火設備　（一部抜粋）［高圧規程 資料1-1-4、1表］

電気容量及び位置等		消　火　設　備			関係法令 （消防法その他）
		不活性ガス消火設備、ハロゲン化物消火設備、粉末消火設備	大型消火器	消火器	
電気室が設置されている部分の床面積が200m²以上		○ 施行令第13条			消防法施行令第13条、消防法施行規則第6条、東京都火災予防条例第36条 ※左欄の「条例」は東京都に適用される場合であり、そのほかの地域は、各市町村の火災予防条例による。
電気室の位置が地上31mを超える場合		○ 条例第40条		○ 施行規則第6条、条例第36条	消防法施行規則第6条東京都火災予防条例第36条、第37条、第40条 ※左欄の「条例」は東京都に適用される場合であり、そのほかの地域は、各市町村の火災予防条例による。
特別高圧	乾式又は不燃液機器を使用		○ 条例第37条		
	油入機器を使用	○ 条例第40条			
高圧・低圧	油入機器1,000kW以上	○ 条例第40条			
	乾式又は不燃液機器で1,000kW以上		○ 条例第37条		
	油入機器で500kW以上1,000kW未満		○ 条例第37条		
	その他 （500kW未満）				
燃料電池発電設備又は内燃機関を原動力とする発電設備	1,000kW以上	○ 条例第40条			
	500kW以上1,000kW未満		○ 条例第37条		
	その他 （500kW未満）				
無人の変電設備・燃料電池発電設備又は内燃力を原動力とする発電設備		○ 条例第40条			

〔備考〕(1)～(3)及び(5)～(7)は省略。

(4) ハロゲン化物消火設備とは、ハロン2402消火設備、ハロン1211消火設備、ハロン1301消火設備、HFC-23消火設備、HFC-227ea 消火設備、FK-5-1-12消火設備をいう。ハロゲン化物消火設備の適用は、所轄消防署との協議による。適用例を下表に示す。

防火対象物又はその部分 / 放出方式 消火剤		全　域					局所	移動※
		ハロン			HFC	FK-5-1-12	ハロン	ハロン
		2402	1211	1301				
常時人がいない部分	多量の火気を使用する部分	×	×	○	×	×	○	○
	発電機室等 ガスタービン発電機が設置	×	×	○	×	×	○	○
	発電機室等 その他のもの	×	×	×	△	△	○	○
	通信機器室	×	×	○	△	△	×	×

○：所轄消防署との協議のもとで設置可
×：設置不可
△：常時人のいない部分以外の部分，または防護区画の面積が1,000m²以上、または体積が3,000m³以上の場合は、設置不可
※：移動式ハロゲン化物消火設備は火災のとき煙が著しく充満するおそれのある場所には設置不可

Q 1-13 電力需給用計量器の取付高さについて教えて

図1に示すキュービクルの基礎の施設例図において、電力需給用計量器までの高さが示されていますが、この高さの根拠を教えてください。

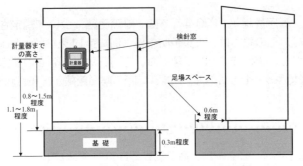

図1　キュービクルの基礎の施設例図 ［高圧規程1130-5図］

A 1-13

JIS C 4620（2023）「キュービクル式高圧受電設備」に規定されている標準の高さに基づいて記載しています。

解説

JIS C 4620（2023）の「7.3.3電力需給用計量器及び電力需給用計器用変成器の取付け」では、「電力需給用計量器は、検針、保守などが容易な床上から800〜1500mmの高さに取り付ける。ただし、検針、保守などに支障がない場合は、この限りではない。」と定められています。このように、計量器は、見やすいことが必要です。キュービクルの基礎の高さによって検針が困難となる場合があります。実際の検針では、床上から1500mm程度が適切ですので、キュービクルの製作上支障がなければ、基礎との関係を考慮することが望ましいです。

図1は、足場スペースとしてキュービクルの前面は0.6m程度確保されており、検針・保守が容易な床とみなせるため同様の高さを示したものです。高圧規程の「キュービクルの検針窓の位置を考慮し検針が容易な高さとすること」という規定に対し図1では、具体的な高さを示した形となっています。

Q 1-14

キュービクルと建物との離隔について教えて

消防法では、キュービクルは建物から3m以上離隔すること、引込ケーブルには耐火性ケーブルを使用するなどの規定があると聞きましたが、その根拠を教えてください。

A 1-14

高圧規程第1130-4条では、離隔距離について規定されており、その根拠は、火災予防条例（例）第11条に該当します。ただし、消防庁告示第7号において、日本電気協会の認定キュービクル、推奨キュービクルを取得すれば3mの離隔距離が緩和されます。

解説

受電用の高圧キュービクルは、高圧規程第1130-4条第1項に規定されているように「建築物から3m以上の距離を保つこと」となっています。

この規定は火災予防条例（例）第11条に規定されています。火災予防条例（例）は、消防法第9条等に基づいて制定されていますので、この火災予防条例（例）を参考に市町村において条例が作成されています。その際に、自治体によっては内容を厳しくするなどの対応が行われています。

また、高圧規程第1130-4条の〔注〕にあるように、消防庁告示第7号「キュービクル式非常電源専用受電設備の基準」に適合するものは、3mの離隔はなくてもよいことになっており、日本電気協会の認定キュービクルについては、この離隔の規定は免除されます。消防法第9条には、使用に際し、火災の発生のおそれがある設備の位置、構造及び管理について規定できることが規定されています。火災予防条例（例）には、電気関係の施設として、燃料電池発電設備（第8条の3）、放電加工機（第10条の2）、変電設備（第11条）、急速充電設備（第11条の2）、内燃機関を原動力とする発電設備（第12条）、蓄電設備（第13条）、ネオン管灯設備（第14条）及び舞台装置等の電気設備（第15条）に基準が規定されています。

このキュービクルに引き込むケーブルを耐火性のものにすることについては、特に規定はありません。

火災予防条例（例） ▶ 消防法自消甲予発第73号
第11条【変電設備】

1 屋内に設ける変電設備（全出力20kW以下のもの及び次条に掲げるものを除く。以下同じ。）の位置、構造及び管理は、次に掲げる基準によらなければならない。

一 水が浸入し、又は浸透するおそれのない位置に設けること。

二 可燃性又は腐食性の蒸気又はガスが発生し、又は滞留するおそれのない位置に設けること。

三 変電設備（消防長（消防署長）が火災予防上支障がないと認める構造を有するキュービクル式のものを除く。）は、不燃材料で造つた壁、柱、床及び天井（天井のない場合にあつては、はり又は屋根。以下同じ。）で区画され、かつ、窓及び出入口に防火戸を設ける室内に設けること。ただし、変電設備の周囲に有効な空間を保有する等防火上支障のない措置を講じた場合においては、この限りでない。

三の二 キュービクル式のものにあつては、建築物等の部分との間に換気、点検及び整備に支障のない距離を保つこと。

三の三 第3号の壁等をダクト、ケーブル等が貫通する部分には、すき間を不燃材料で埋める等火災予防上有効な措置を講ずること。

四 屋外に通ずる有効な換気設備を設けること。

五 見やすい箇所に変電設備である旨を表示した標識を設けること。

六 変電設備のある室内には、係員以外の者をみだりに出入させないこと。

七 変電設備のある室内は、常に、整理及び清掃に努めるとともに、油ぼろその他の可燃物をみだりに放置しないこと。

八 定格電流の範囲内で使用すること。

九 必要な知識及び技能を有する者として消防長が指定するものに必要に応じ設備の各部分の点検及び絶縁抵抗等の測定試験を行わせ、不良箇所を発見したときは、直ちに補修させるとともに、その結果を記録し、かつ、保存すること。

十 変圧器、コンデンサーその他の機器及び配線は、堅固に床、壁、支柱等に固定すること。

2 屋外に設ける変電設備（柱上及び道路上に設ける電気事業者用のもの並びに消防長（消防署長）が火災予防上支障がないと認める構造を有するキュービクル式のものを除く。）にあつては、建築物から3m以上の距離を保たなければならない。ただし、不燃材料で造り、又はおおわれた外壁で開口部のないものに面するときは、この限りでない。

3 前項に規定するもののほか、屋外に設ける変電設備（柱上及び道路上に設ける電気事業者用のものを除く。）の位置、構造及び管理の基準については、第1項第3号の2及び第5号から第10号までの規定を準用する。

Q 1-15 屋外キュービクルのさく等の施設について教えて

幼稚園、学校の場所に施設する屋外キュービクルについて、高圧規程ではどのような制限がありますか。

A 1-15 　幼児、児童がむやみにキュービクルに触れないよう安全面を考慮して、高圧規程第1130-4条第6項にさく、へい等を設けることを推奨的事項として規定されています。

解説

　高圧規程第1130-4条第6項に規定されている幼稚園、学校等の場所に施設するキュービクルのさくに関しては、高圧規程第1130-2条第1項（電技解釈第38条第1項）に規定されているさくには、該当しないので、Q1-11のように$H+L \geqq 5$mとする必要はありません。したがって、高圧規程に規定している$H \geqq 1.5$mあれば問題ありませんが、幼児、児童がむやみにキュービクルに触れないよう安全面を考慮して推奨的事項として規定しています。

　推奨的事項とは、電技解釈では規定されていませんが、需要設備専門部会が審議した結果、経済、その他安全上、特に推奨する事項として規定しています。

コラム　屋外に設置するキュービクルの風雨・氷雪や浸水対策について

　高圧規程第1130-4条第2項第③号において、風雨・氷雪や浸水による被害等を受けるおそれがないように十分注意することが規定されています。具体的な対策として以下の内容があります。

○ 風雨・氷雪による対策

　吹雪時にキュービクルの吸気口や隙間から雪が内部に浸入することがあります。特にキュービクルを屋上に設置する場合や強風の吹く場所、風の通り道などは注意が必要です。

　暴風雨時に雨水が浸入するのを防止するために、換気口を防噴流構造としたキュービクルがありますが、軽い雪の場合にはこのような対策では防止できない場合があります。その場合には、キュービクルの換気口に吹雪込み防止用のフィルターや防雪カバーなどを設置することが必要です。

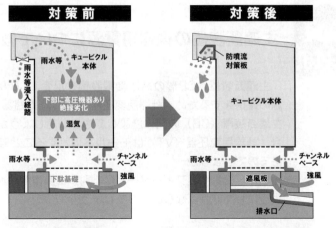

図1 屋外に設置するキュービクルの風雨・氷雪や浸水対策

　雪には軽いイメージがありますが、実際は意外に重く「新雪」で50〜150kg/m³程度です。また、積もった雪の重みで圧縮された「しまり雪」は250〜500kg/m³程度、氷つぶのようにざらざらした「ざらめ雪」は300〜500kg/m³にもなります。雪は解けると水になり、電気設備には水が大敵です。漏電・感電・短絡などの事故原因となります。

　積もった雪が時間とともに縮まって、体積が縮小して垂直方向に沈下する現象を「沈降」といますが、沈降力も、想像以上に強力で構造物に様々な被害を及ぼします。

○ 浸水による対策

　洪水、内水、高潮等による浸水被害の対策を講じるに当たっては、「建築物における電気設備の浸水対策ガイドライン」（令和2年6月国土交通省住宅局建築指導課、経済産業省産業保安グループ 電力安全課）を参照してください。

主遮断装置の操作用電源について教えて

主遮断装置がCB形の高圧受電設備の場合、CBの操作用電源の確保をするため、計器用変圧器（VT）を断路器（DS）と主遮断装置（CB）の間に施設してもよいでしょうか。その場合、計器用変圧器（VT）はモールド形とすること等の規定があるのでしょうか。

また、受電用とフィーダー用は、別々に操作用電源を設けるようにしなければならないのでしょうか。

A
1-16
主遮断装置操作用変成器としてVTを施設できます。また、フィーダーの遮断器操作用としてのVTは DSとCBの間に設けることはできません。詳細を下記にまとめました。

解説

責任分界点から主遮断装置の間に設けることができる変成器は、高圧規程第1140-1条第2項において、「電力需給用計器用変成器」、「地絡保護継電器用変成器」、「受電電圧確認用変成器」、「主遮断装置開閉状態表示用変成器」及び「主遮断装置操作用変成器」と規定されていることから、主遮断装置操作用変成器としてVTを施設できます。

ただし、高圧規程第1150-6条において「計器用変成器を主遮断装置の電源側に施設する場合は、十分な定格遮断電流をもつ限流ヒューズにより計器用変圧器を保護すること」と規定していますので、VTの一次側には限流ヒューズを取り付ける必要があります。

責任分界点から主遮断装置の間に施設する機器を制限している理由は、当該箇所で機器の不具合が生じた場合に波及事故となるおそれがあることから高圧規程では、必要最低限に限定しています。

また、VTの種類については、高圧規程第1250-1条「計器用変成器」第3項において、計器用変成器は「モールド形」である旨規定されています。

なお、上記のように、高圧規程第1140-1条を踏まえフィーダーの遮断器操作用としてのVTは、規定されていないためDSとCBの間に設けることはできません。

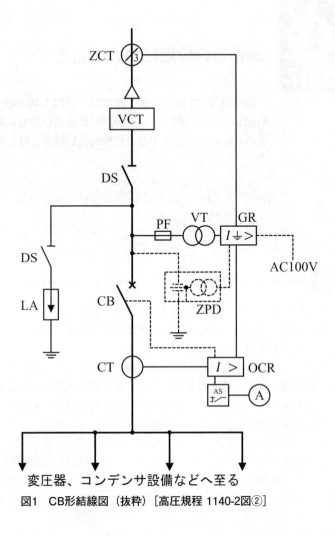

図1　CB形結線図（抜粋）[高圧規程 1140-2図②]

変圧器、コンデンサ設備などへ至る

避雷器の設置について教えて

Q 1-17

高圧規程の1140-2図〔備考3〕及び1140-3図〔備考2〕に明記してある、引込ケーブルが比較的長い場合は避雷器を付けることになっていますが、比較的長い場合とはどれぐらいですか。

A 1-17

引込ケーブルが比較的長い場合とは、おおむね100m程度としてよいと判断しています。

解説 ....

図1（A）、図1（B）の図はいずれも受電点にGR付PAS等が設置されている場合のもので、その際に引込ケーブルが比較的長い場合に破線のように避雷器を設けることを推奨しているものです。

構内第一号柱から受電設備まで比較的長い距離のケーブルで接続される場合など、構内第一号柱に避雷器を施設しても避雷器の保護効果が受電設備に及ばない場合もあります。このような場合、受電設備内の主遮断装置に近接する箇所に避雷器を施設することにより保護効果が確保されます。

また、「比較的長い場合」とは、おおむね100m程度と考えられ、これは、高圧規程第2220-1条第2項（参考）⑤において、避雷器の設置間隔を200m程度とし、雷撃点と線路との距離が100m以上であれば、対地電圧を線路の絶縁レベル以下に抑制でき、有効な耐雷効果が期待できるとの記述を踏まえたものです。

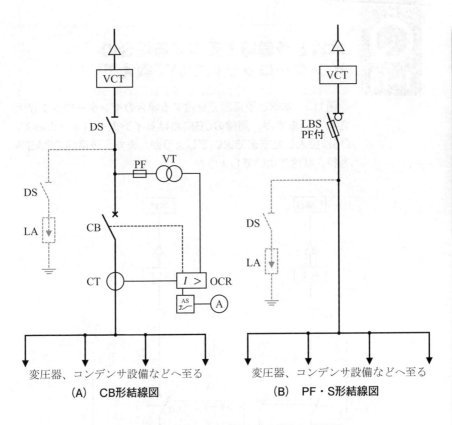

図1　受電点にGR付PAS等がある場合の結線図
[高圧規程1140-2図①、1140-3図①]

コラム　GR付PASの避雷器を負荷側に設置する理由

　避雷器をGR付PASの電源側に設置した場合、避雷器の不良により、地絡電流が流れると波及事故になりますが、負荷側であればGR付PASが働いて波及事故にならない利点があります。

　ちなみに、避雷器の破損事故は、ほとんどが直撃雷によるものと考えられています。（高圧規程P.498参照）

本線と予備線で受電する場合のインターロックについて教えて

　図1に、本線と予備線で受電する場合のインターロックが示されていますが、両線のCBにおけるインターロックのみで、DSは投入したままでよいでしょうか。また、予備線のPAS等も投入状態でよいでしょうか。

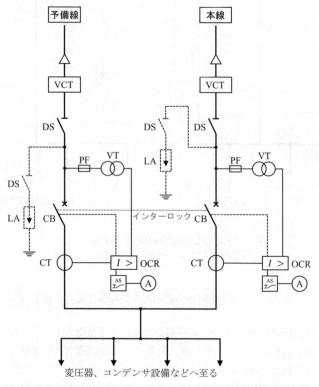

図1　CBのインターロックによる電気的な方法〔高圧規程1140-5図〕

A 1-18 　図1におけるインターロックは、CBのインターロックが必要であることを示しています。
　CBやDS、PASの投入関係について、下記にまとめました。

解説 ••

　このインターロックは、両線から同時に受電する状態になることを防止するためのもので、DSは関係ありません。なお、それぞれの線のCBとDSは、CBが「閉」の状態でDSの投入ができないようなインターロックが保安上必要です。予備線のDSやPASは投入状態でなければ、停電時及び復電時に切り替えが円滑に行うことができないことになります。

　インターロックには、図1のような電気的なものと図2のような3極切替開閉器による機械的な方法があります。

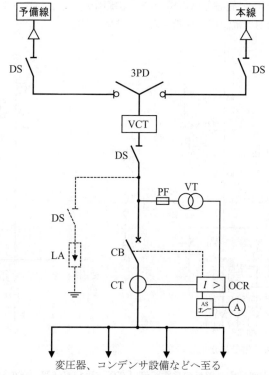

図2　3極切替開閉器による機械的な方法　[高圧規程1140-5図]

非常用予備発電装置起動用UVRの施設位置について教えて

高圧規程では、図1のとおり非常用予備発電装置起動用の
UVRは、主遮断装置であるCBの電源側に設置されています
が、この位置でなければならないのでしょうか。

A 1-19　UVRの施設位置は、建築基準法や消防法等の関係法令に適合
するよう選定する必要があります。

解説

高圧規程第1140-1条では、図1のとおり、非常用予備発電装置が低圧に施設
される場合と高圧に施設される場合の「結線図例」を示しています。図1の②
では、UVRはCBの電源側に施設されています。

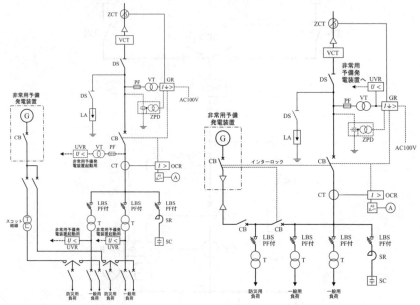

①非常用予備発電装置が低圧の場合　　②非常用予備発電装置が高圧の場合

図1　非常用予備発電装置付の受電設備 ［高圧規程1140-6図（その1）、（その2）］

電気事業法に基づく電気設備の技術基準及び建築基準法では、非常用予備発電装置起動用のUVRの設置場所についての規定はなく、自家用需要家の自主保安の中で、適切な位置に設置することとなります。

一方、消防法の適用を受ける発電設備において、「自家発電設備の基準」に基づく「予防事務審査検査基準（東京消防庁）第4章第2節第3項非常電源」では、「自家発電設備の起動信号を発する検出器（不足電圧継電器等）は、高圧の発電機を用いるものにあっては、高圧側の常用電源回路に、低圧の発電機を用いるものにあっては、低圧側の常用電源回路にそれぞれ設けること。ただし、常用電源回路が前3の非常電源専用受電設備に準じている場合又は運転及び保守の管理を行うことができる者が常駐しており、火災時等の停電に際し、直ちに操作できる場合は、この限りでない。」としており、例を図2、図3に示しています。

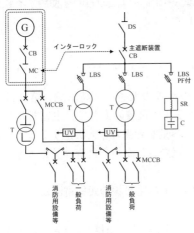

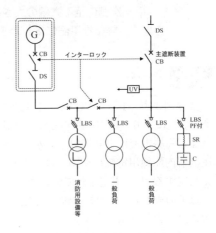

※ UV：不足電圧継電器等は、変圧器の二次側の位置とすること。

※ UV：不足電圧継電器等は、主遮断装置の負荷側の位置とし、上位の主遮断装置と適切なインターロックをとること。

なお、設備種別が特別高圧の場合、変圧器（特高）の二次側の位置とすることができる。

図2　低圧自家発電設備の例

図3　高圧自家発電設備の例

出典　「予防事務審査検査基準（東京消防庁）第4章第2節第3項非常電源（令和5年1月31日更新）」、第3-12図（図2）、第3-13図（図3）をもとに作成

Q 1-20　分岐高圧母線の太さについて教えて

　図1の結線図においてVCTからLBSまでの電線の太さは、38mm²以上でなければならないのでしょうか。

　また、図2において高圧母線から分岐して変圧器の一次側に至る電線の太さも、38mm²以上でなければならないのでしょうか。

A 1-20

　図1のVCTからLBSまでの電線の太さは、38mm²以上でなければなりません。また、図2の高圧母線から分岐して、変圧器の一次側に至る電線の太さは、14mm²以上のものを使用することができます。詳細を下記にまとめました。

解説

　結線図より、図1のVCTからLBSまでの電線の太さは、高圧規程第1150-1条第3項により、「高圧受電設備に使用する高圧電線の太さは、主遮断装置の種類と短絡電流により選定し、かつ、負荷容量を考慮のうえ決定すること。高圧機器内配線用電線については、表1から選定し、かつ、負荷容量を考慮のうえ決定する。」と規定されています。

　以下の表1より、短絡電流が12.5kAの場合で高圧母線の短絡電流からみた電線の最小太さを示します。

　図1におけるPF付LBSの負荷側（二次側）の電線の太さは、表1より、14mm²以上となります。

表1　高圧母線の短絡電流からみた電線の最小太さ　[高圧規程1150-1表より一部抜粋]

短絡電流 (kA)	CB（mm²） （5サイクル遮断）		CB（mm²） （3サイクル遮断）		PF（mm²） （限流形 遮断時間0.01秒）	
	50Hz	60Hz	50Hz	60Hz	50Hz	60Hz
12.5	38	38	38	38	14	14

〔備考1〕 CBの場合は、CBの遮断時間にリレータイム0.05秒を加えて計算した。
〔備考2〕 電線は、高圧機器内配線用電線（KIP）で計算した。
〔備考3〕 電線の最小太さは、CB及びPFの負荷側（二次側）を示す。

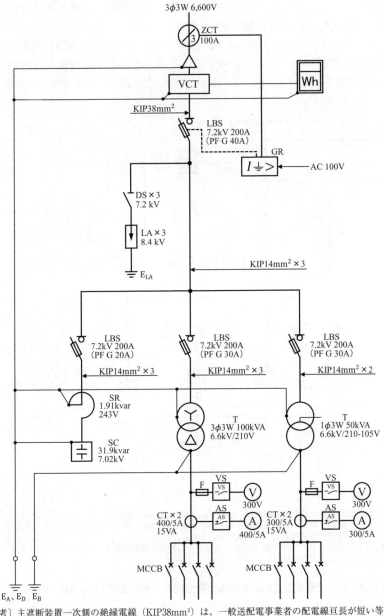

〔備考〕主遮断装置一次側の絶縁電線（KIP38mm²）は、一般送配電事業者の配電線亘長が短い等により許容短絡電流値を超過するおそれがあるが、この区間の短絡故障に関する発生確率の低さや経済性等を考慮して選定したものである。

図1　屋内式受電設備の結線図及び配置図例〔高圧規程1140-7図（その1）〕

結線図より、図2の高圧母線から分岐して、変圧器の一次側に至る電線の太さは、高圧規程第1150-1条第3項のなお書きにより、「高圧母線から分岐して、変圧器、計器用変圧器、避雷器、高圧進相コンデンサなどの機器に至る高圧機器内配線用電線にあっては、14mm²以上の太さの電線を使用することができる。」と規定されていますので、14mm²のものを使用することができます。

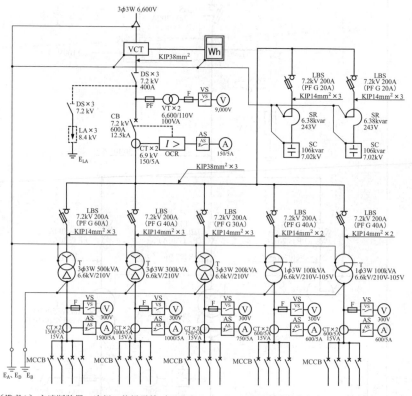

〔備考1〕 主遮断装置一次側の絶縁電線（KIP38mm²）は、一般送配電事業者の配電線亘長が短い等により許容短絡電流値を超過するおそれがあるが、この区間の短絡故障に関する発生確率の低さや経済性等を考慮して選定したものである。

〔備考2〕 高圧進相コンデンサの容量選定に当たっては、高圧規程資料1-1-7「負荷に合わせたSC容量の選定・力率の解説」を参照。

図2　屋内式受電設備の結線図及び配置図例　[高圧規程1140-8図　（その1）]

断路器の施設方法を教えて

Q 1-21

断路器（DS：Disconnecting Switch）の施設方法や注意事項を教えてください。

A 1-21

高圧規程第1240-1条において、断路器はJIS C 4606に適合するものであると規定されています。また、断路器の施設に関する注意事項を第1150-2条で規定されています。具体的な内容を下記にまとめました。

解説

　高圧断路器については、高圧規程第1240-1条第1項において、JIS C 4606（2011）「屋内用高圧断路器」に適合するものであることを規定しています。また、第3項では屋外に設置するキュービクルであり、使用環境、使用状況により小動物等の侵入による事故を防止するために必要な場合には、CB形の主遮断装置電源側に用いる断路器の相間及び側面に絶縁バリヤを取付けるなどの対策を講じることを推奨的事項として規定しています。

　高圧規程第1150-2条第2項では、断路器を施設する際に、開路状態において自然に閉路するおそれがないようにすることが規定されており、〔注2〕及び〔注3〕に取り付け方法と注意事項を次のとおり定めています（図1参照）。

①操作が容易で危険のおそれがない箇所を選んで取り付けること。
②縦に取り付ける場合は、切替断路器を除き、接触子（刃受）を上部とすること。
③ブレード（断路刃）は、開路した場合に充電しないよう負荷側に接続すること。
④ブレード（断路刃）がいかなる位置にあっても、他物（本器を取り付けたパイプフレーム等を除く。）から10cm以上離隔するように施設すること。
⑤垂直面に取り付ける場合は、横向きに取り付けないこと（図2参照）。

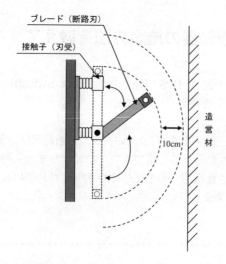

図1　断路器の取付け例［高圧規程1150-1図］

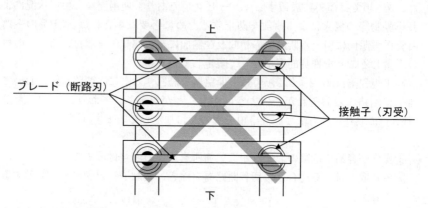

※このように断路器を横向きに取り付けないこと。

図2　断路器の横向け取付禁止［高圧規程1150-2図］

コラム　断路器の特徴と分類

○断路器とは

断路器は、電線路、機器などの点検修理を行うため、電路からそれらを切り離す場合や電路への接続変更をするときに、無電圧または定格電圧以下で単に充電された電路を開閉するために用いられる装置です。

図3　断路器（DS）

○フック棒操作式断路器の定格例について

フック棒操作式断路器は、高圧規程第1240-1条第4項に参考として規定されており、定格電圧、定格電流、構造、準拠規格等をまとめています（表1参照）。

表1　フック棒操作式断路器の定格例［高圧規程1240-1表］

定格電圧（kV）	7.2				
定格電流（A）	200	400	600	600	1200
定格短時間耐電流（kA）	8.0（1秒）、12.5（1秒）			20（1秒若しくは2秒）	
構　造	単極単投、三極単投				
準拠規格	JIS C 4606（2011）			JEC 2310（2014）	

〔備考1〕定格短時間耐電流は、回路の短絡電流以上の値を選定すること。
〔備考2〕定格短時間電流20kAでの通電時間は2秒を標準とするが盤内で使用され、かつ盤内設備と時間協調が取れる場合は1秒間を採用できる。
〔備考3〕JECによる開閉装置関係の定格事項については、JEC 2390（2013）「開閉装置一般要求事項」を参照のこと。

KIC電線の選定方法について教えて

表1では、高圧母線の短絡電流からみた電線の最小太さについて、電線の種類がKIPの場合について示されていますが、他の電線の場合の太さはどのように求めればよいですか。

表1　高圧母線の短絡電流からみた電線の最小太さ　[高圧規程1150-1表]

短絡電流 (kA)	CB [mm²] (5サイクル遮断)		CB [mm²] (3サイクル遮断)		PF [mm²] (限流形遮断時間0.01秒)	
	50 Hz	60 Hz	50 Hz	60 Hz	50 Hz	60 Hz
12.5	38	38	38	38	14	14
(8.0)	(22)	(22)	(22)	(22)	(14)	(14)

〔備考1〕CBの場合は、CBの遮断時間にリレータイム0.05秒を加えて計算した。
〔備考2〕電線は、高圧機器内配線用電線（KIP）で計算した。
〔備考3〕電線の最小太さは、CB及びPFの負荷側（二次側）を示す。
〔備考4〕表中（　）のものは参考に示した。

A
1-22

表2に示す絶縁電線・ケーブルの短絡時許容電流計算式を用いることにより、求めることができます。KIC電線（架橋ポリエチレン電線）の太さの求め方について下記にまとめました。

解説 ••

50Hz地域、短絡電流12.5kA、5サイクル遮断器の場合におけるKICの電線の太さを求めると以下のとおりとなります。

短絡時最高許容温度を230℃、短絡前の導体温度を90℃、通電時間を遮断時間として計算すると、算出式を表2より、選定します。

表2より、KICに用いる短絡時許容電流計算式は、

$$I = 134 \frac{A}{\sqrt{t}} \text{ [A]} \quad \cdots\cdots\cdots\cdots\cdots\cdots\cdots\cdots\cdots ①$$

短絡時許容電流 I =12,500Aのとき、1周期あたりの時間 t_0 は、

$$f = \frac{1}{t_0} \rightarrow t_0 = \frac{1}{f} = \frac{1}{50} = 0.02 \text{ 秒} \cdots\cdots\cdots\cdots\cdots ②$$

t_0:1周期あたりの時間[秒]

表2　絶縁電線・ケーブルの短絡時許容電流計算式〔高圧規程2120-11表〕

絶縁体の種類	絶縁電線・ケーブルの種類（記号例）		導体の温度〔℃〕		短絡時許容電流計算式	
	絶縁電線	電力ケーブル	短絡時最高許容温度	短絡前の導体温度	導体：銅	導体：アルミ
ポリエチレン	OE	―	140	75	$I=98\dfrac{A}{\sqrt{t}}$	$I=66\dfrac{A}{\sqrt{t}}$
架橋ポリエチレン	OC、JC、KIC	CV、CVT、CE、CET、CE/F、CET/F	230	90	$I=134\dfrac{A}{\sqrt{t}}$	$I=90\dfrac{A}{\sqrt{t}}$
EPゴム	KIP	PN、PV	230	80	$I=140\dfrac{A}{\sqrt{t}}$	$I=94\dfrac{A}{\sqrt{t}}$

〔備考〕A：導体公称断面積〔mm²〕　t：短絡電流通電時間〔秒〕

　②式より、50 Hzのとき1サイクルは0.02秒となり、5サイクルでは0.1秒になり、リレータイム0.05秒を加えると短絡電流通電時間tは0.15秒になります。これらの値を①式に代入すると、導体公称断面積A〔mm²〕は、

$$I = 134\frac{A}{\sqrt{t}} \;\rightarrow\; 12{,}500 = 134 \times \frac{A}{\sqrt{0.15}}$$

$$A = \frac{12{,}500 \times \sqrt{0.15}}{134} = 36.128\cdots \fallingdotseq 36\ \text{mm}^2 \quad\cdots\cdots\cdots\cdots\cdots\cdots③$$

となります。

表3　架橋ポリエチレン絶縁電線（KIC）の選定〔JIS C 3611（2020）表5より一部抜粋〕

導体		
公称断面積〔mm²〕	素線数／素線径〔mm〕	外径【参考】〔mm〕
8	7/1.2	3.6
14	7/1.6	4.8
22	7/2.0	6.0
38	7/2.6	7.8
60	19/2.0	10.0
100	19/2.6	13.0
150	37/2.3	16.1
200	37/2.6	18.2
250	61/2.3	20.7

　表3より、直近上位である38mm²のKICを選定することになります。

設備不平衡率と変圧器容量について教えて

設備不平衡率と変圧器容量について教えて

高圧規程第1150-8条において、各線間に接続される単相変圧器容量の最大のものと最小のものとの差が100 kVA以下の場合は、設備不平衡率が30%以上となってもよいことになっています。これは100kVAを超える変圧器は、2分割しなければならないということでしょうか。

A
1-23
高圧規程第1150-8条第3項では、三相交流電路に接続する変圧器の容量が、著しく差がある場合は、電源に対して悪影響を及ぼすのでその限度を30%以下にすることを勧告的事項として規定しています。100kVAを超える変圧器の場合について、以下にまとめました。

解説

高圧規程第1150-8条第3項の勧告的事項は、単相変圧器を接続する場合に注意しなければならない事項で、変圧器の容量を制限しているものではありません。各相間に接続される単相変圧器容量の合計のうち、最大のものと最小のものとの差が100 kVA以下の場合は、電源に与える影響が少ないので設備不平衡率が30%以上であってもよいとされています。

例えば、図1のように、R-S相間に100kVA、R-T相間に150kVA、T-S相間に120kVAの容量の変圧器が接続されている場合の単相変圧器容量の最大と最小の差との設備不平衡率について考えます。

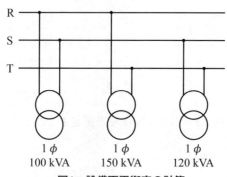

1ϕ
100 kVA

1ϕ
150 kVA

1ϕ
120 kVA

図1　設備不平衡率の計算

図1より、単相変圧器容量の最大と最小の差は、150−100=50kVAとなります。

設備不平衡率は、

$$\text{設備不平衡率} = \frac{\text{各線間に接続される単相変圧器総容量の最大最小の差}}{\text{総変圧器容量} \times \frac{1}{3}} \times 100 \,[\%] \ \cdots ①$$

で求められます。①式に代入すると、

$$\text{設備不平衡率} = \frac{150 - 100}{(100 + 150 + 120) \times \frac{1}{3}} \times 100 = 40.540\cdots ≒ 40.5\,\% \cdots\cdots ②$$

となります。

したがって、設備不平衡率は40.5%になり、30%を超えますが、高圧規程第1150-8条第3項第②号に該当し、単相変圧器容量の最大と最小の差が100kVA以下のため、この規定に適合することがいえます。

Q 1-24 高圧進相コンデンサの 定格設備容量について教えて

　高圧進相コンデンサの開閉装置として高圧カットアウト（PC）を使用できるのは、高圧進相コンデンサの定格設備容量が50kvar以下の場合と規定されています。表1の〔備考2〕では、定格設備容量とは高圧進相コンデンサと直列リアクトルとを組み合わせた設備の容量であり、定格設備容量50kvarはコンデンサの定格容量では53.2kvar（6%リアクトル付き）となると記載されていますが、コンデンサの定格設備容量と定格容量は、どのような関係になっていますか。

　A 1-24　コンデンサの定格設備容量と定格容量の関係を下記にまとめました。

解説

　JIS C 4902（1998）「高圧及び特別高圧進相コンデンサ及び附属機器」は、力率改善、電圧調整などの目的、送配電系統の交流600Vを超える回路で負荷と並列に接続して使用する高圧及び特別高圧進相コンデンサ及び附属機器について、コンデンサ用直列リアクトル及びコンデンサ用放電コイルを取り付けて使用することを前提に規定され、2010年に廃止後、新たに高圧及び特別高圧進相コンデンサに関する部分を分割してJIS C 4902-1（2010）「高圧及び特別高圧進相コンデンサ並びに附属機器-第1部：コンデンサ」が制定されました。JIS C 4902-1（2010）では、コンデンサと直列リアクトルとを組み合わせた設備の定格電圧及び定格周波数における設計無効電力を定格設備容量としています。この定格設備容量と三相コンデンサの定格容量の関係は、次式によります。

$$定格容量 = \frac{定格設備容量}{1 - \dfrac{L}{100}} \quad\cdots\cdots\cdots①$$

L：組み合わせて使用する直列リアクトルの%リアクタンス

①式により、定格設備容量50kvarの場合におけるコンデンサ容量（6%リアクトル付き）は、

$$定格容量 = \frac{定格設備容量}{1 - \dfrac{L}{100}} = \frac{50}{1 - \dfrac{6}{100}} = \frac{50}{0.94} = 53.191 \cdots \fallingdotseq 53.2 \ \text{kvar} \cdots ②$$

となります。

したがって、表1の〔備考2〕のように、定格設備容量におけるコンデンサの定格容量が求められます。

表1　進相コンデンサの開閉装置 ［高圧規程1150-3表より一部抜粋］

機器種別 進相コンデンサの 定格設備容量	開 閉 装 置 高圧カットアウト（PC）
50 kvar　以下	▲
50 kvar　超過	×

〔備考1〕表の記号の意味は、次のとおりとする。（一部抜粋）
　　(3)　▲は、進相コンデンサ単体の場合のみ施設できる。（原則、進相コンデンサには直列リアクトルを設置すること。）
　　(4)　×は、施設できない。
〔備考2〕JIS C 4902-1（2010）「高圧及び特別高圧進相コンデンサ並びに附属機器－第1部：コンデンサ」において、「定格設備容量」は、コンデンサと直列リアクトルを組み合わせた設備の定格電圧及び定格周波数における設計無効電力と定義されており、上表の定格設備容量50kvarは、コンデンサの定格容量では53.2 kvar（6%リアクトル付き）となる。

コラム　コンデンサ定格設備容量とコンデンサ定格容量及び
直列リアクトル容量の計算例について

コンデンサの定格設備容量 SC［kvar］が50kvar、100kvar、150kvarの場合、直列リアクトルの%が $\alpha = 6\%$、13%のときのコンデンサの定格容量 C［kvar］、直列リアクトルの容量 L［kvar］は、それぞれ表2のようになります。

表2　コンデンサ定格設備容量とコンデンサ定格容量、直列リアクトル容量の計算例

SC［kvar］	$\alpha = 6\%$		$\alpha = 13\%$	
	C［kvar］	L［kvar］	C［kvar］	L［kvar］
50	53.2	3.19	57.5	7.47
100	106.4	6.38	114.9	14.94
150	159.6	9.58	172.4	22.41

表2より、コンデンサの定格容量 C［kvar］と直列リアクトルの容量 L［kvar］は次のように求められます。

$$C = \frac{SC}{100 - \alpha} \times 100 \ [\text{kvar}] \cdots\cdots\cdots\cdots\cdots\cdots ③$$

$$L = C \times \frac{\alpha}{100} = \frac{SC}{100 - \alpha} \times \alpha \ [\text{kvar}] \cdots\cdots\cdots ④$$

表2を皮相電力の位相図で示すと図1のように表せます。

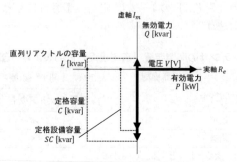

図1　皮相電力位相図

　図1は、表1の〔備考2〕のとおり、「定格設備容量」は、コンデンサと直列リアクトルを組み合わせた設備の定格電圧及び定格周波数における設計無効電力と定義しており、6％リアクトルの場合、進みコンデンサ53.2kvar（C）の6％の遅れ3.2kvar（L）となるので、コンデンサ設備全体で進み50kvar（定格設備容量SC）になります。

Q 1-25　高圧進相コンデンサへの直列リアクトルの取付け義務について教えて

高圧進相コンデンサへの直列リアクトルは、取付け義務があるのでしょうか。

A 1-25　高圧規程第1150-9条第5項では、高調波による障害の要因をなくすため、原則として直列リアクトルを施設することと、義務化しています。

解説

コンデンサが焼損し、火災や人身事故になった場合は、事故防止の責務を果たしていないことで問題になることは考えられます。また、新設自家用施設の場合に高調波発生負荷があり、その高調波流出抑制対策としてガイドラインに基づき、一般送配電事業者との協議の際に直列リアクトルの設置が求められることも想定されます。

6％直列リアクトル付進相コンデンサは、配電系統に比較的多く含まれる第5次高調波の吸収作用があるため、需要家からの高調波流出電流を抑制することができます。進相コンデンサに直列リアクトル付きを採用することは、高調波流出電流を低減するための基本であり、原則として直列リアクトル付きを採用する必要があります。逆に直列リアクトルの無い進相コンデンサは、容量性となって高調波が拡大し、さまざまな高調波障害の要因となっているため、原則として使用してはなりません。

空調設備については、ほぼ全機種でインバータ化されており高調波発生機器であるため、一般的なビルでも無対策だと高調波発生電流限度値を超過する可能性が高くなります。そのため、全ての進相コンデンサを直列リアクトル付きにすれば、多くの場合に高調波流出電流計算が不要になるか限度値以下になります。

高圧規程第3110-1条では、高調波対策に関する基本的事項として、次のとおり規定されています。

▶ 第3110-1条
【高調波対策の実施】

1．高調波発生機器が施設される高圧受電設備にあっては、「高圧又は特別
　高圧で受電する需要家の高調波抑制対策ガイドライン」（以下、「ガイド
　ライン」という）を遵守し、高調波抑制対策を講じること。

〔注〕ガイドラインでは、電力利用基盤強化懇談会（昭和62年5月）におい
　　　て系統の総合電圧ひずみ率と高調波障害発生の関係を考慮して提言さ
　　　れた「高調波環境目標レベル」（6.6kV配電系統で5％）を維持するよ
　　　う、高調波の発生者である需要家が高調波電流の流出を抑制するため
　　　の対策を講じる際の技術要件が定められている。

2．高調波抑制対策を講じる際には、一般送配電事業者と技術的な協議を
　講じること。

3．一般送配電事業者との協議に当たっては、JEAG 9702（2018）「高調波
　抑制対策技術指針」を参照すること。

〔注〕JEAG 9702「高調波抑制対策技術指針」は、ガイドラインを解説、補
　　　完するものとして制定されており、高調波抑制対策を円滑に進めてい
　　　くための実務面の具体的な運用も示されている。また、ガイドライン
　　　に記載のない技術的知見も追加されている。

　なお、内線規程第3335-5条第2項では、直列リアクトルの施設について「低
圧進相コンデンサを各負荷に共用して取り付ける場合には、直列リアクトルを
施設すること」が義務的事項として規定しています。

Q 1-26 避雷器の接地と接地抵抗について教えて

「高圧受電設備指針（改訂版）」第8-1条「接地工事」では、「(2) 避雷器の接地工事」について規定されており、「高圧電路に施設する避雷器の接地は、原則として単独接地とし、第1種接地工事（現：A種接地工事）とすること」とするよう規定されていましたが高圧規程では、原則単独接地とする規定がないのはなぜですか。（高圧規程第1160-1条「接地工事」）

また、電技解釈第37条において避雷器にはA種接地工事を施すことになっていますが、ただし書きにおいて、JESC E2018（2015）において、高圧架空電線路に施設する避雷器の接地線が専用のものである場合は30Ω以下でよいことになっています。その理由を教えてください。さらに、自家用電気工作物の第1号柱の場合でも30Ω以下でよいでしょうか。

A 1-26 高圧受電設備指針では、避雷器動作時の電位干渉を避けるとの趣旨から原則、単独接地とし、高圧規程では、電技解釈との整合性をとるため、削除しました。自家用電気工作物の第1号柱に施設する避雷器の場合や電技解釈第37条第1項の各号に該当しない場合は、このただし書きの適用を受けて30Ω以下でもかまいません。ただし、避雷器の接地は低いほど対地電圧を低減できるので、PAS等の保護のために施設するものはできるだけ低くすることが望まれます。詳細を下記にまとめました。

解説

電技解釈第37条第3項の解説では「避雷器の接地は、他の機器の接地と分離して、単独接地とするのが普通であるが、発蓄変電所等の構内全体にわたる接地網を共通の接地極として使用した方が、効果が上がる場合もあるので、特に避雷器を単独接地とすることとはしていない。」と記載されています。

接地抵抗が十分低い場合にあっては共用接地とした方が、両接地間が等電位化されること及び電位干渉がなくなるなど、絶縁協調の面からも有利となります。

高圧規程第2220-5条第3項ではGR付PASについてLA内蔵と外付け共用・別接地での留意点を記載しています。

共用接地の場合、いくつかの条件を考慮する必要がありますが、この点についての記述を整理することより、「原則単独接地」という言葉を削除しました。（共用接地とする場合の電位干渉等についての留意点は、高圧規程第2編第2章「絶縁協調」参照）

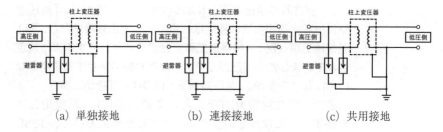

図1　接地方式の分類［高圧規程2220-8図］

　電技解釈第37条第3項のただし書きは、避雷器の設置を義務付けられていない場所に避雷器を施設した場合のみの緩和規定です。

　なお、電技解釈第37条の解説では、避雷器を変圧器に近接しない場所に施設する場合、すなわち配電線の負荷が長距離にわたって存在しない場所で、電線、がいし又は柱上開閉器を保護するために避雷器を施設するような場合は、接地抵抗値を30Ωまで許容しています。

　この30Ωという値は、$V_{0max}/I_a = 30\Omega$ から求められたものです。ここで、V_{0max}は避雷器の接地電位上昇の許容限度であり、Z規格（戦時規格）の変圧器の基準衝撃絶縁強度と雷実測の結果から一般に30kVであると考えられています。I_aは、我が国における配電用避雷器の放電電流で、9電力会社管内の襲雷頻度の大きい地域の実系統における調査の結果では1,000A以下が95〜98%であり、このうち300A以下が約70%を占め、平均値は約200Aです。配電線路近傍の落雷による最も苛酷な誘導雷サージでもその発生機構から考えて放電電流が1,000Aを超えるものはほとんどないことから、I_aを1,000Aとしています。

　一般送配電事業者の高圧配電線の避雷器接地について、接地抵抗値が得られない場合のことを考慮して規定されたもので、変圧器の無い柱上に施設された場合は30Ω以下であれば避雷器の性能を著しく損なうものでないと判断されたものです。高圧規程第2210-1条第2項では、「避雷器の施設に当たっては、できるだけ接地抵抗値を低減すること」と規定されており、機器に対する保護効果を十分に発揮させるためには、接地抵抗を10Ω以下に低減させ、接地線を含めたサージインピーダンスを低くすることが望ましいです（電技解釈第37条第3項）。

コラム 避雷器による雷サージ抑制効果の例

　高圧受電設備では、避雷器を施設することにより、高圧受電設備に侵入する雷サージを低減することができます（図2）。

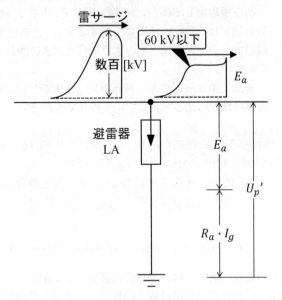

図2　避雷器による雷サージ抑制効果 [高圧規程2220-1図をもとに一部編集]

　雷サージが侵入し避雷器が動作した場合、避雷器設置点の対地電位は次式により求められます。

$$V_t\,(U_p') = E_a + R_a \cdot I_g \quad\cdots\cdots\cdots\cdots\cdots\cdots ①$$

$V_t = U_p'$：対地電位　　　E_a：制限電圧　　　R_a：接地抵抗値　　　I_g：放電電流

①式より、$E_a = 33\,\mathrm{kV}$、$R_a = 10\,\Omega$、$I_g = 1\,\mathrm{kA}$ とすると、対地電位 V_t は、

$$V_t\,(U_p') = E_a + R_a \cdot I_g$$
$$= 33{,}000 + (10 \times 1{,}000) = 43\mathrm{kV} \quad\cdots\cdots\cdots\cdots ②$$

となります。

　したがって、絶縁協調上、避雷器を使って対地電圧を60kV未満に抑制します。

キュービクルの金属製外箱の D種接地工事について教えて

高圧規程第1160-1条第5項において、「キュービクルの金属製外箱には、D種接地工事を施すこと。」とありますが、接地線の太さの選定方法をどのように行えばよいか具体的に教えてください。

また、キュービクルの外箱接地（金属箱）において、共用・連接接地が行える場合について教えてください。

A 1-27　電技解釈第17条第4項第二号で規定されているように、接地線は直径1.6mm以上の軟銅線を使用します。

また、共用・連接接地については、高圧規程第1160-6条【参考2】において、掲載しております。

解説

キュービクルの施設に関しては、電技解釈第38条第3項第二号イ（イ）に規定されており、キュービクルの外箱に施す接地については、電技解釈第21条第1項第四号のとおり、「機械器具をコンクリート製の箱又はD種接地工事を施した金属製の箱に収め、かつ、充電部分が露出しないように施設すること」と定められています。D種接地工事の接地線の太さに関しては、電技解釈第17条第4項第二号によりC種接地工事に準じることを示しており、接地線は、「故障の際に流れる電流を安全に通じることができるものであること」が規定されているため、「直径1.6mm以上の太さの軟銅線」を用いるとされています。

キュービクルの外箱接地（金属箱）については、高圧規程で共用・連接接地ができる場合の条件は、以下のとおり記載されておりますので、一部を紹介します。（高圧規程第1160-6条【参考2】一部抜粋）

・受電設備内の高圧機器、低圧機器及び避雷器にA種、C種及びD種の接地を施す場合
　〔注〕高圧規程第1130-1条第1項第⑨号に規定されているように取扱者以外の者が立ち入らないことを前提としている。
・キュービクル式受電設備の場合は、高圧機器のA種、キュービクル内の機器のC種、D種及びキュービクルの外箱に施すD種（図1（a）参照）。

・低圧機器が単独接地され、多くの低圧機器の漏れ電流により、B種接地の電位が上昇するおそれがある場合は、B種接地工事と変圧器を内蔵した金属箱の接地工事は共用できない（図1(b)参照）。

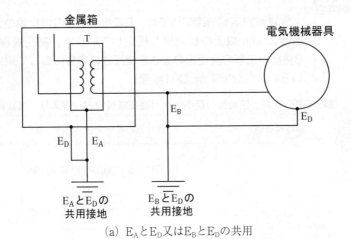

(a) E_AとE_D又はE_BとE_Dの共用

(b) E_BとE_A、E_Dの接地（E_Bを単独接地とする例）

図1　接地工事の施設例（参考）[高圧規程1160-6図]

Q 1-28

B種接地工事における接地線の太さについて教えて

電技解釈第17条第2項では、B種接地工事の接地線の太さを直径2.6mm以上の軟銅線と規定しています。高圧規程では、B種接地工事の接地線の太さを変圧器の容量に応じて規定しているのはなぜですか（表1参照）。

表1 接地工事の種類と接地線の最小太さ ［高圧規程1160-2表より一部抜粋］

接地工事の種類	接地抵抗値	接地線の最小太さ（銅線の場合）			
			100V級	200V級	400V級
B種	$\dfrac{150}{\text{変圧器高圧側電路の1線地絡電流}}$ Ω以下 （ただし、変圧器の高圧側の電路と低圧側の電路との混触により低圧電路の対地電圧が150Vを超えた場合に、1秒を超え2秒以内に自動的に高圧電路を遮断する装置を設けるときは、「150」は「300」に、1秒以内に自動的に高圧電路を遮断する装置を設けるときは、「150」は「600」とする。）	変圧器の一相分の容量[kVA]	5まで	10まで	20まで	2.6mm (5.5mm²)
			10	20	40	3.2mm (8 mm²)
			20	40	75	14mm²
			40	75	150	22mm²
			60	125	250	38mm²
			75	150	300	60mm²
			100	200	400	60mm²
			175	350	700	100mm²
			250	500	—	150mm²

A 1-28

高圧規程では、変圧器二次側の地絡事故時に流れる電流がB種接地工事の接地線に流れた場合を想定しているため、変圧器の容量に応じた太さが規定されています。

解説

電技解釈第17条第2項におけるB種接地工事の接地線に適合する条件として、「引張強さ1.04kN以上の容易に腐食し難い金属線又は直径2.6mm以上の軟銅線」及び「故障の際に流れる電流を安全に通じることができるものであること」が規定されています。これは主に高低圧混触事故時に流れる電流を考慮したものと考えられます。

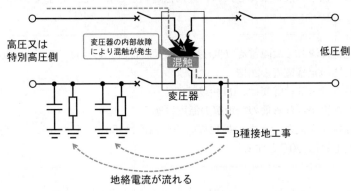

図1　混触が発生した場合における地絡電流が流れた場合のイメージ

一方、高圧規程では、変圧器二次側の地絡事故時に流れる電流（低圧機器のD種接地工事とB種接地工事が建物の構造体を通じて共用状態にある場合などで、短絡電流相当の電流を想定）がB種接地工事の接地線に流れた場合を想定しているため、変圧器の容量に応じた太さを規定しています。（IEC60364規格によると、いわゆるTN接地方式に近い考え方となっています。）

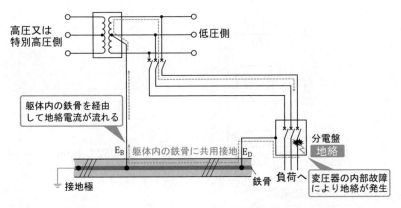

図2　負荷機器側で地絡が発生した場合の地絡電流が流れるイメージ

接地線の太さは、過大な電流が短時間流れても、その接地線の温度上昇が許容値以下となるように次式に基づいて算出されています。

$$\theta = 0.008 \times \left(\frac{I}{A}\right)^2 \times t \quad \cdots\cdots\cdots\cdots\cdots\cdots ①$$

θ：銅線の温度上昇［℃］　　　　　I：電流［A］

A：銅線の断面積［mm²］　　　　　t：通電時間［S］

①式に、以下の設定条件を入れ、接地線の太さを算出しています。

<条件>
・接地線に流れる故障電流（低圧電路の地絡電流）の値は、電源側過電流遮断器の定格電流の20倍
・故障電流の継続時間は、0.1秒以下
・故障電流が流れる前の接地線の温度は30℃
・故障電流が流れたときの接地線の許容温度は150℃（したがって、許容温度上昇は120℃とする）

$$120 = 0.008 \times \left(\frac{20 I_n}{A}\right)^2 \times 0.1$$

$$120 = 0.0008 \times \frac{400\, I_n^2}{A^2}$$

$$120 = \frac{0.32\, I_n^2}{A^2}$$

$$120\, A^2 = 0.32\, I_n^2$$

$$A^2 = \frac{0.32\, I_n^2}{120}$$

$$A = \sqrt{\frac{0.32\, I_n^2}{120}}$$

$$A = \sqrt{\frac{0.32}{120}}\, I_n = 0.051639\cdots I_n \fallingdotseq 0.052\, I_n\ [\text{mm}^2] \quad \cdots\cdots\cdots ②$$

I_n：変圧器1相の定格電流

三相交流電圧200V、定格容量500kVAの変圧器に施すB種接地工事の接地線の太さを求めると、1相当たりの容量は、

$$1\,\text{相当たりの容量} = \frac{\text{定格容量}}{3} = \frac{500}{3} = 166.66\cdots \fallingdotseq 166.7\,\text{kVA} \cdots\cdots\cdots ③$$

となります。1相当たりの定格電流は、

$$S = VI_n \rightarrow I_n = \frac{S}{V} = \frac{166.7 \times 10^3}{200} = 833.5\,\text{A} \cdots\cdots\cdots\cdots\cdots ④$$

となります。断面積は、

$$A = 0.052\,I_n = 0.052 \times 833.5 = 43.342\,\text{mm}^2 \cdots\cdots\cdots\cdots\cdots ⑤$$

となります。

したがって、接地線の太さは、直近上位の太さ60mm²以上としています。

○その他B種接地工事における接地線の太さ

B種接地工事の太さの選定において、原則として表1により選定することが前提となりますが、高圧規程第1160-2条第3項〔備考4〕では、単独の埋込み又は打込み接地極による場合で、当該接地極が他の目的の接地又は埋設金属体と連絡しないものは、銅14mm²（変圧器を電柱上又はピラー内に施設するものでは、銅2.6mm）よりも太いものを用いなくてもよいことが規定されています。

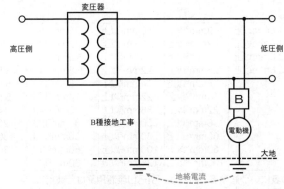

図3　B種接地と電動機の接地が大地を介している場合

内線規程1350-3表による接地線の太さの選定は、一般の低圧機器に施す接地線であれば、故障電流の大きさ及び流れる時間を考慮して決定したものであり、低圧機器の地絡電流（実際に地絡電流は、B種接地工事とD種接地工事が共用となっている場合は、最大で考えた場合は短絡電流相当の電流）を想定して作成された表で故障の際に流れる電流を考慮したものです。したがって、キュービクル外箱のD種接地工事の接地線の太さは、低圧の機器の場合と異なります。

上記で述べたように、低圧機器が接続されている低圧回路の短絡電流に耐える接地線の太さをD種接地工事で求めています。したがって、一般的には分岐回路のブレーカの最小定格電流により太さが規定されています。変圧器二次母線での地絡（過電流遮断器一次側の母線）までは考えていません。地絡が短絡電流ほどになれば、変圧器一次側の高圧開閉器ヒューズにより保護されることになります。

表2　C種又はD種接地工事の接地線の太さ　[内線規程1350-3表]

接地する機械器具の金属製外箱、配管などの低圧電路の電源側に施設される過電流遮断器のうち最小の定格電流の容量	接地線の太さ				
	一般の場合			移動して使用する機械器具に接地を施す場合において可とう性を必要とする部分にコード又はキャブタイヤケーブルを使用する場合	
	銅	アルミ	単心のものの太さ	2心を接地線として使用する場合の1心の太さ	
20A以下	1.6mm以上	2mm²以上	2.6mm 以上	1.25mm²以上	0.75mm²以上
30A以下	1.6mm以上	2mm²以上	2.6mm 以上	2mm²以上	1.25mm²以上
60A以下	2.0mm以上	3.5mm²以上	2.6mm 以上	3.5mm²以上	2mm²以上
100A以下	2.6mm以上	5.5mm²以上	3.2mm 以上	5.5mm²以上	3.5mm²以上
150A以下		8mm²以上	14mm²以上	8mm²以上	5.5mm²以上
250A以下		14mm²以上	22mm²以上	14mm²以上	5.5mm²以上
400A以下		22mm²以上	38mm²以上	22mm²以上	14mm²以上
600A以下		38mm²以上	60mm²以上	38mm²以上	22mm²以上
800A以下		60mm²以上	80mm²以上	50mm²以上	30mm²以上
1,000A以下		60mm²以上	100mm²以上	60mm²以上	30mm²以上
1,200A以下		100mm²以上	125mm²以上	80mm²以上	38mm²以上

〔備考1〕　この表にいう過電流遮断器は、引込口装置用又は分岐用に施設するもの（開閉器が過電流遮断器を兼ねる場合を含む。）であって、電磁開閉器のような電動機の過負荷保護器は含まない。
（〔備考2〕から〔備考5〕は省略）

Q 1-29

混触防止板に施す接地線の太さと 共用する接地線の太さについて教えて

表1の〔備考7〕の規定により、変圧器の混触防止板に施すB種接地工事の接地線の太さは、変圧器の容量に関係なく、5.5mm²でよいのはなぜですか。

また、複数の変圧器に施すB種接地工事の接地線を1つの接地極に接続する場合、共用する部分の接地線の太さはどのように選定すればよいですか。

A 1-29

変圧器の容量に関係なく、5.5mm²でよい理由は、高低圧混触事故の時に流れる電流を考慮しているからです。

また、1つの接地極に接続する場合は、高圧規程第1160-6条第2項に準じて接地線の太さを選定してください。

解説

表1の〔備考7〕では、「変圧器の高圧巻線と低圧巻線との間に、金属製混触防止板を挿入し、かつ、これにB種接地工事を施す場合、接地線の最小太さは、2.6mm（5.5mm²）とすることができること」を規定しています。

表1　接地工事の種類と接地線の太さ　［高圧規程1160-2表］

接地工事の種類	接地抵抗値	接地線の最小太さ（銅線の場合）			
A種	10Ω以下	一般（避雷器を除く。）			2.6mm (5.5mm²)
		避　雷　器			14mm²
B種	$\dfrac{150}{\text{変圧器高圧側電路の1線地絡電流}}$ Ω以下 （ただし、変圧器の高圧側の電路と低圧側の電路との混触により低圧電路の対地電圧が150Vを超えた場合に、1秒を超え2秒以内に自動的に高圧電路を遮断する装置を設けるときは、「150」は「300」に、1秒以内に自動的に高圧電路を遮断する装置を設けるときは、「150」は「600」とする。）	変圧器の一相分の容量 [kVA]	100V級	200V級	400V級	
			5まで	10まで	20まで	2.6mm (5.5mm²)
			10	20	40	3.2mm (8 mm²)
			20	40	75	14mm²
			40	75	150	22mm²
			60	125	250	38mm²
			75	150	300	60mm²
			100	200	400	60mm²
			175	350	700	100mm²
			250	500	–	150mm²
C種	10Ω以下					1.6mm
D種	100Ω以下					

〔備考1〕～〔備考6〕は省略
〔備考7〕高圧規程第1160-1条第3項第②号により施す混触防止板のB種接地工事の接地線の最小太さは、2.6mm(5.5mm²)とすることができる。
〔備考8〕、〔備考9〕は省略

　混触防止板に施す接地で、この場合、二次回路の地絡時に流れる電流は関係ないことから、接地線は、電技解釈第17条で定められている最低の太さ直径2.6mm以上の軟銅線でよいとしています。変圧器の大きさにより接地線の太さを変えているのは、Q1-28で解説しておりますので、そちらをご覧ください。
　また、共用する部分の接地線の太さについては、高圧規程1160-6条第2項により、「一（1つ）の接地極を共用する接地線の共通母線又は接地専用線の太さは、共用する接地極と接地を必要とする個々のものより選定した太さのもののうち最大の太さ以上のものを使用すること。」と規定されており、具体的には、図1のような例となります。

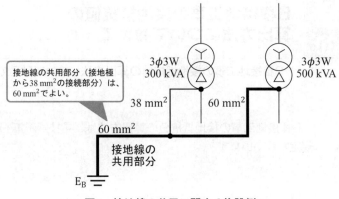

接地線の共用部分（接地極から38 mm²の接続部分）は、60 mm²でよい。

3φ3W 300 kVA
3φ3W 500 kVA

38 mm²　60 mm²

60 mm²

接地線の共用部分

E_B

図1　接地線の共用に関する施設例

したがって、上記の記述より、各変圧器のB種接地線のうち、最大の太さのものを選択してください。これは、複数の変圧器バンクで、同時に地絡が生じるおそれが少ないからです。

コラム　低圧-低圧の変圧器の二次側接地について

低圧一低圧の変圧器の二次側接地について、図2のように非接地で施設する場合もあります。

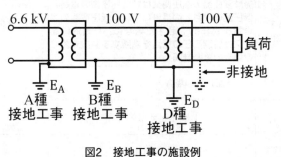

6.6 kV　　100 V　　100 V

負荷

非接地

E_A
A種
接地工事

E_B
B種
接地工事

E_D
D種
接地工事

図2　接地工事の施設例

B種接地工事の接地抵抗値の算出方法について教えて

B種接地工事の接地抵抗値の算出方法について教えてください。

A
1-30

B種接地工事の接地抵抗値の算出方法は、電技解釈第17条に規定されています。

解説

B種接地工事の接地抵抗値の算出方法は、電技解釈第17条により高圧側電路の一線地絡電流をもとに算出されます。一線地絡電流の算出方法は電技解釈の第17条第2項に規定されています。通常、一般送配電事業者は表1に記載の式をもとにして引込口での一線地絡電流を計算していますので供給を受ける一般送配電事業者にご照会ください。この一線地絡電流をもとに電技解釈第17条からE_Bの接地抵抗の許容値を算出することになります。

表1　一線地絡電流の算出方法　[電技解釈第17条第2項第一号17-1表]

接地工事を施す変圧器の種類	当該変圧器の高圧側又は特別高圧側の電路と低圧側の電路との混触により、低圧電路の対地電圧が150Vを超えた場合に、自動的に高圧又は特別高圧の電路を遮断する装置を設ける場合の遮断時間	接地抵抗値 [Ω]
高圧又は 35,000 V以下の特別高圧の電路と低圧電路を結合するもの	下記以外の場合	$\dfrac{150}{I_g}$
	1 秒を超え 2 秒以下	$\dfrac{300}{I_g}$
	1 秒以下	$\dfrac{600}{I_g}$

(備考) I_gは、当該変圧器の高圧側又は特別高圧側の電路の1線地絡電流（単位：A)

例えば、次のような場合を考えます。

公称電圧6.6kVの中性点非接地式高圧配電線路に、総容量750kVAの変圧器（二次側が低圧）が接続されています。高低圧が混触した場合、低圧側の対地電圧をある値以下に抑制するために、変圧器の二次側にB種接地工事を施しますが、この接地工事に関して「電技解釈」に基づき、計算します。

ただし、高圧配電線路の電源側変電所において、当該配電線路及びこれと同一母線に接続された配電線路はすべて三相3線式で、当該配電線路を含めた回線数の合計は7回線です。その内訳は、こう長15kmの架空配電線路（絶縁電線）が2回線、こう長10kmの架空配電線路（絶縁電線）が3回線及びこう長4.5kmの地中配電線路（ケーブル）が2回線とします。また、変電所引出口には高圧側の電路と低圧側の電路が混触したとき、1秒以内に自動的に高圧電路を遮断する装置を施設しているものとします。

なお、高圧配電線路の1線地絡電流I_g［A］は、次式によって求めます。

$$I_g = 1 + \frac{\frac{V}{3}L - 100}{150} + \frac{\frac{V}{3}L' - 1}{2} \ [\text{A}]$$

I は、1線地絡電流［A］（小数点以下は切り上げます）
V は、配電線路の公称電圧を1.1で除した電圧［kV］
L は、同一母線に接続される架空配電線路の電線延長［km］
L'は、同一母線に接続される地中配電線路の線路延長［km］

ステップ1 1線地絡電流I_g［A］を求めます。

配電線路の公称電圧を1.1で除した電圧V［kV］は、

$$V = \frac{6.6 \times 10^3}{1.1} = 6 \times 10^3 = 6 \,\text{kV} \ ^{注)} \cdots\cdots\cdots\cdots\cdots\cdots\cdots\cdots ①$$

となります。また、同一母線に接続される架空配電線路の電線延長L［km］は、

$$L = (15 \times 2 \times 3) + (10 \times 3 \times 3) = 180 \,\text{km} \ ^{注)} \cdots\cdots\cdots\cdots ②$$

となります。次に、同一母線に接続される地中配電線路の線路延長L'［km］は、

$$L' = 4.5 \times 2 = 9 \,\text{km} \ ^{注)} \cdots\cdots\cdots\cdots\cdots\cdots\cdots\cdots\cdots ③$$

となります。

ここで注意を要することは、Lは同一の母線に接続される全ての高圧電路（ケーブルを使用するものを除きます。）の電線延長であり、変電所等の母線から数回線の配電線が出ている場合には、その回線延長の合計について三相3線式の場合は3倍、単相2線式の場合は2倍したものであり、L'は同一母線に接続されているケーブルを使用する高圧電路の線路延長で、この電路では3心ケーブルが一般に使用されている実情から、ケーブルの延長（三相の場合でも3倍しません。）をとるものとしています。これは、電路（ケーブルを使用するものを除く。）については、1線地絡電流を実測した結果を基礎とし、これを60Hzに換算したものから決定したもの（50Hz系でもこれによることになっ

ています。）であり、ケーブルを使用する高圧電路については、ケーブル製造者の推奨する静電容量実測値に基づいて50Hz系に使用する場合の数値をとったもの（60Hz系でもこれによることになっています。）です。

これらを、問題文の計算式に代入すると、

$$I_g = 1 + \frac{\frac{V}{3}L - 100}{150} + \frac{\frac{V}{3}L' - 1}{2} = 1 + \frac{\left(\frac{6}{3} \times 180\right) - 100}{150} + \frac{\left(\frac{6}{3} \times 9\right) - 1}{2}$$

$$= 1 + \frac{360 - 100}{150} + \frac{18 - 1}{2} = 11.233 \cdots \fallingdotseq 12 \text{ A} \cdots\cdots\cdots\cdots\cdots\cdots ④$$

となります。電技解釈第17条第2項第二号ロより、「計算結果は、小数点以下を切り上げ、2A未満となる場合は2Aとする」と規定されているため、$I_g = 12$ Aとなります。

ステップ2　接地抵抗値の上限値を求めます。

問題文より、「1秒以内に自動的に高圧電路を遮断する装置を施設している」ことから、表1より、接地抵抗値の上限値は、次のようになります。

$$R = \frac{600}{I_g} = \frac{600}{12} = 50 \ \Omega \cdots\cdots\cdots\cdots\cdots\cdots\cdots\cdots\cdots 答$$

したがって、これら変圧器に施すB種接地工事の接地抵抗値 R ［Ω］は、50Ω以下でなければならないことがわかります。

注）：②、③式の計算方法について

地中配電線に代表されるケーブル長は、その構造上3心一括で敷設され、静電容量も3心一括で考えることができますので、単純に敷設長と同じになります。

これに対して架空配電線の電線長は、電線1本1本を分けて敷設するので、それぞれに静電容量が発生します。したがって、電線長は敷設長の3倍で考えます。

また、ケーブル長を地中配電線と限定していない理由は、架空配電線でも建造物と離隔がとれないなど、ケーブルを柱上に敷設することがあるためです。

なお、実状の架空配電線では、絶縁電線とケーブルとが混在している場合があります。

Q 1-31　接地線の防護について教えて

接地線の外傷防止として、合成樹脂管により防護することが規定されていますが、「人が触れるおそれがない場合」や「C種接地工事若しくはD種接地工事の接地線」は、金属製の管で防護できるとしています。接地線を防護するのであれば、合成樹脂管よりも金属管の方が機械的強度はあるかと思いますが、なぜ、A種又はB種の接地線防護には合成樹脂管を使用するのでしょうか。

A 1-31　接地線の防護については、電技解釈第17条第1項第三号、高圧規程第1160-4条第4項で規定されております。接地線の防護について下記にまとめました。

解説

電技解釈第17条第1項第三号では、A種又はB種接地工事の接地線を人が触れるおそれがある場所に施設する場合、「接地線には絶縁電線又は通信用ケーブル以外のケーブルを使用し、かつ、接地線の地下75cmから地表上2mまでの部分は電気用品安全法の適用を受ける合成樹脂管等で覆うこと」を規定しています。

高圧規程では、第1160-4条第1項第③号に規定しています。これは、故障時に接地線に電流が流れるため、接地極から地上部分までの接地線を、大地から十分に絶縁することを示しています。特にB種接地線には、低高圧混触事故時ばかりでなく、低圧電路の漏れ電流が常時流れているおそれがあるため、人が触れるおそれがある場所にA種又はB種接地工事の接地線を施設する場合には、接地線を合成樹脂管等で覆い絶縁することとしています。

一方、高圧規程第1160-4条第4項では、接地線が外傷を受けるおそれがある場合、これを防止するために接地線を防護することを示しています。外傷防護であるため、防護管は金属製のものであれば強度上十分ではありますが、人が触れるおそれがあるA種又はB種接地線では、前述のような理由により絶縁性の管で覆う必要があるため、合成樹脂管を使用することとしています。また、高圧規程第1160-4条第5項では、避雷器の接地線を防護する管は、雷サージ電流による影響を考慮し、金属製のものを使用することを禁止しています。

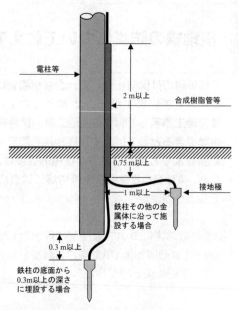

電柱等

2 m以上

合成樹脂管等

0.75 m以上

接地極

1 m以上

鉄柱その他の金
属体に沿って施
設する場合

0.3 m以上

鉄柱の底面から
0.3m以上の深さ
に埋設する場合

図1　防護管の施設例　［高圧規程1160-1図］

Q 1-32 高圧ケーブル端末の ストレスコーンについて教えて

高圧規程第1180-1条の1180-1表⑱「ケーブルの端末処理」において、「ストレスコーンは、正確な寸法で正しい位置に取り付けること」とありますが、ストレスコーンの役割について教えてください。

A 1-32 高圧ケーブルの終端部での電界の状態を均一にして、ケーブル端末部に過度の電界が集中しないようにストレスコーンによって電界の集中を緩和させるものです。

解説

6.6kV高圧ケーブルの構造は、図1のように、導体、内部半導電層、絶縁体、外部半導電層、遮へい銅テープ、外装（シース）となっており、遮へい銅テープは接地を施しています。

ケーブル中では、導体と遮へい銅テープの間で発生している電位差による電界を均一に保つことで耐電圧特性を高めていますが、端末部においては、図2に示すように導体と遮へい銅テープの先端部分との間に電界が集中します。

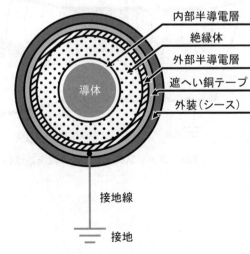

図1　6.6kV高圧ケーブルの断面図

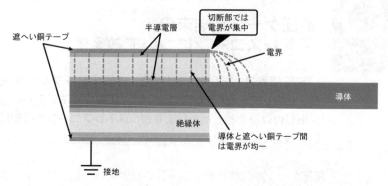

図2　ケーブル端末処理をしない場合の電界の様子

　ケーブル端末部の電界の集中を緩和させるため、図3に示すように遮へい銅テープ端から半導電層を延長して終端部に過度の電界が集中しないようコーン状の半導電層（ストレスコーン）を作成します。

　ケーブル端末処理材料には、あらかじめストレスコーンが内蔵されていることから、施工時にはケーブルの遮へい銅テープと端末処理材料内のストレスコーンの半導電層を確実に接続することで電界の集中を緩和することができます。

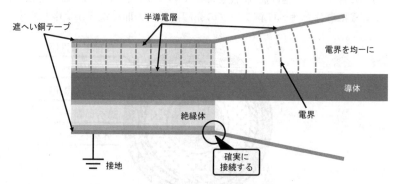

図3　ストレスコーンによる端末処理の様子

Q 1-33 シュリンクバック（収縮）防止対策について教えて

高圧規程第1180-1条の1180-1表⑱「ケーブルの端末処理」に記載されているＬの欄に、「高圧ケーブル端末部などにケーブルシースのシュリンクバック（収縮）防止対策を施すことが望ましい」とされていますが、シュリンクバック（収縮）防止対策の具体的な施設方法と概要について教えてください。

A 1-33　シュリンクバックとは、ケーブル製造時の収縮しようとする歪（ひずみ）が日射や通電等によるヒートサイクルにより開放され、シースが収縮する現象をいいます。端末部においてシュリンクバックが発生すると、シース端部が露出して水がケーブルに浸入したり、遮へい銅テープが破断することで、地絡などの事故に至る可能性があります。
　シースが収縮するメカニズムとシュリンクバック（収縮）防止対策について下記にまとめました。

解説

　高圧ケーブルには、銅テープ（遮へい層）が構成されています。また、ケーブルのシースは、筒状に成形したプラスチック樹脂を引き伸ばしながら被覆します。この引き伸ばしによって、プラスチック内部に残留応力（収縮しようとする歪（ひずみ））が残り、日射や通電等によるヒートサイクルにより残留応力が解放され、シースが収縮することがあります。

　また、場合によっては内部に施した銅テープが破断することもあります。（図1参照）

図1　銅テープが破断した例

シースの収縮は、一般的に温度変化が大きい場合に発生しやすく、図2のように端末部でのケーブル直線距離が長い場合にも発生しやすいです。

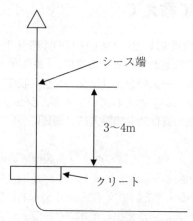

図2　シース収縮が生じやすい例

　この現象は、ポリエチレンの場合に顕著にみられますが、他のポリマーにも共通の現象です。

　このシース収縮に関する対策例としては、主に次の方法があり、接続部についてはケーブルメーカーに確認してください。

　①皮剥時に生じたシース片等を強固に融着または接着させたシースシュリンクバック対策機材を端末に設けます。（図3参照）

　②ケーブル直線布設部分の中間（端末から1m以内が望ましく、シース端に近い方がより効果的です。）をスプリング式アルミクリート等で拘束します。

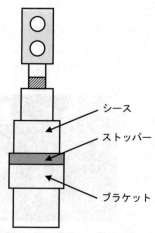

図3　シースシュリンクバック対策機材

Q 1-34 ケーブルの片端接地の要件について教えて

高圧規程第1180-1条⑲において、ケーブルを片端接地できる範囲は、「継電器の誤動作、シールドテープ誘起電圧、シールドテープの断線等保守管理を考慮して決定すること」と規定されていますが、なぜですか。

A 1-34

リレーの誤動作やケーブルの絶縁不良に至るおそれがあるため、保守管理を考慮して適切な接地工事を行ってください。
資料1-1-10は、高圧規程制定にあたり過去の高圧受電設備指針（改訂版）においてケーブルこう長が100mの場合の誘起電圧について算出例を具体的に明記し、資料編に根拠を示した経緯があります。詳細を下記にまとめました。

解説

ケーブルの両端で接地をすると、需要家の低圧機器あるいは配線等に絶縁不良が起きた場合、事故電流がケーブルのシールドテープに流れ込み、これが原因となってリレーの誤動作あるいはケーブルの絶縁不良に至るおそれがあります。このため自家用設備では、ケーブルの接地は、片端接地が一般的に行われています。

しかし、片端接地の場合には、短絡電流のような大きな電流が流れると、非接地端のシールドテープに誘起電圧が発生し、ケーブルこう長に比例して大きくなります。したがって、これを安全上差し支えない程度にするため、誘起電圧を算出し確認することが必要となります。（資料1-1-10「ケーブル片端接地の場合における誘起電圧の算出例（参考）」を参照）

なお、両端接地の場合には、大地に迷走電流があるとシールドテープに分流し過熱焼損するおそれがあります。

いずれにしても、これらのことを考慮し、適切な接地工事を行ってください。

資料1-1-10	ケーブル片端接地の場合における誘起電圧の算出例（参考） （一部編集）

一般にケーブルを片端接地とした場合、導体に流れる電流により非接地端にケーブル全長に誘起した電圧が誘起されます。

単位長さ当たりの非接地端誘起電圧 E [V/m] は、次式で求められます。

$$E = jX \cdot I \text{ [V/m]}$$

ここに、

I：電流 [A]

X：1m当たりの誘導性リアクタンス [Ω/m]

$$X = 4\pi f \cdot \log_e \frac{2S}{d} \times 10^{-7} \text{ [Ω/m]}$$

S：ケーブル中心間隔 [mm]

d：金属遮へい層の平均直径 [mm]

f：周波数 [Hz]

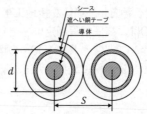

図1　ケーブルの間隔と直径の関係

算出例　6,600 V　CVTケーブル（公称断面積38mm²）の場合

公称断面積38 mm²のCVTケーブルにおける1m当たりの誘導性リアクタンス X [Ω/m] は、

$$X = 4\pi f \cdot \log_e \frac{2 \times 21}{15.3} \times 10^{-7} = 4 \times 3.14 \times 50 \times 1.01 \times 10^{-7} = 634.3 \times 10^{-7} \text{ [Ω/m]}$$

ここに、

ケーブル中心間隔　S=21 [mm]（線心外径で代用）

金属遮へい層の平均直径　d=15.3 [mm]（絶縁体外径で代用）

周波数　f=50 [Hz]

ケーブルこう長 l=100m、最大電流 I=180A（直接埋設におけるCVT 38 mm²の許容電流）として、非接地端の誘起電圧を求めると、

$$E = X \cdot I \cdot l = 634.3 \times 10^{-7} \times 180 \times 100 = 1.14 \text{ V}$$

また、ケーブルこう長100mの場合の三相短絡時では、三相短絡時の最大電流 I_3=12.5kAとして、非接地端の誘起電圧を求めると、

$$E = X \cdot I_3 \cdot l = 634.3 \times 10^{-7} \times 12.5 \times 10^3 \times 100 = 79.3 \text{ V}$$

となります。

高圧ケーブルの両端接地について教えて

Q 1-35

高圧ケーブルの接地方式には、片端接地と両端接地がありますが、両端接地でなければならない場合の具体例や条件を教えてください。（太さ38mm²、60mm²、100mm²の場合）

A 1-35

おおむね高圧ケーブルの長さが100m以上のときに両端接地方式を採用しているのが一般的です。詳細は、表1の計算表をご参照ください。

解説

両端接地方式の利点は、おおむね次のような事項をあげることができます。

①高圧ケーブルの導体に流れる電流により、遮へい層に誘起する非接地端誘起電圧Eによる危険を防止することができ、遮へい層の電位が安定します。

なお、非接地端誘起電圧 E は、次式により算出できます。

$$E = jX \cdot I \, [\text{V/m}]$$

    I ：導体に流れる電流 [A]

    X ：1m当たりの誘導性リアクタンス [Ω/m]

ただし、

$$X = 4\pi f \cdot \log_e \frac{2S}{d} \times 10^{-7} \, [\Omega/\text{m}]$$

    S ：ケーブル中心間隔 [mm]

    d ：金属遮へい層の平均直径 [mm]

    f ：周波数 [Hz]

となります。（図1参照）

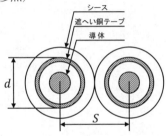

図1 ケーブルの間隔と直径の関係

②接地線の片方が切れても他方により接地機能を維持することができます。

③両端接地は、片端接地に比べ高圧引込ケーブルへの雷サージ電圧を抑制できます。

以上のような理由により、通常導体に短絡電流 I_S[A] が流れた場合に100V以上になるような高圧ケーブルの太さ、長さのときに両端接地方式を採用することが多いようです。

これを高圧CVTケーブルに当てはめて計算をすると表1のようになります。

表1 高圧ケーブル（CVT）の遮へい層の誘起電圧の計算表

高圧ケーブルの太さ A [mm²]	周波数 f [Hz]	ケーブルの中心間隔 S [mm]（線心外形で代用）	金属遮へい層の平均半径 d [mm]（絶縁体外形で代用）	ケーブル単位長さ当たりの誘起電圧 [V/m]	誘起電圧100Vになるときのケーブル長さ [m]
38	50	21	15.3	0.7931	126.1
	60			0.9517	105.1
60	50	23	17.3	0.7681	130.2
	60			0.9217	108.5
100	50	26	20	0.7505	133.3
	60			0.9005	111.0

注）上表では、ケーブルの導体に流れる短絡電流 I_S は、12.5 kAとして計算した。

この表から例えば多く使用されるケーブルの太さが38mm²の場合、f＝50Hzのときは長さ l＝126.1m、f＝60Hzのときは長さ l＝105.1mになると遮へい層の誘起電圧が100V程度になります。また、60mm²、100 mm²の場合についてもほぼ同様になります。よって、おおむね高圧ケーブルの長さが100m以上のときに両端接地方式を採用しているのが通例です。

詳細な選定は、日本電線工業会の技術資料 第101号A「単心CVケーブル金属遮へい層の接地方式と許容電流」にも記載されています。

ケーブルの片端接地での
ケーブル長について教えて

Q 1-36

　1180-1表の⑲dの例において、ケーブルの長さが100 m以下であれば、シースの誘起電圧が1 V以下の場合に片端接地でよいとしていますが、受電柱から受電盤まで250 mの場合は、両端接地の方がよいですか。

A 1-36

　誘起電圧の式により計算して、片端接地にするか、両端接地にするか判断してください。おおむね高圧ケーブルの長さが100m以上のときに両端接地方式を採用しているのが一般的です。

解説

　高圧規程「資料1-1-10」に示されている誘起電圧の式により計算して、片端接地にするか、両端接地にするか判断してください。距離だけの違いで、他の条件が同一ならば、100mで1.14Vであれば、その2.5倍で2.85Vで常時の場合は問題ありませんが、三相短絡の場合は79.3Vの2.5倍で、198.25Vとなりますので、避けた方がよいかと思われます。（Q1-35参照）

　両端接地方式を採用する際には、次の点に留意して施工することが必要です。

①高圧ケーブルの両端接地方式において、ケーブル貫通形ZCTを設ける際は、GRが不必要動作をしないように接地線の取扱いについては、高圧規程 資料2-1-1「ZCTとケーブルシールドの接地方法」を参考にして施工すること。

②ケーブルの両端接地方式において、接地線は迷走電流や他の接地工事の接地線からの漏えい電流によりGRが不必要動作等の影響を防止するために、他の接地工事の接地線や接地極と共用は避けるようにすること。

　地絡継電装置は、ZCTの施設場所とケーブルシールドの接地方法により、検出範囲、検出感度が異なります。ケーブルシールドの接地方法には、片端接地又は両端接地の二つの方法があります。一般的には片端接地が施工されますが、ケーブル亘長が長くなると両端接地が施工される場合があります。

　以下に引込用ケーブルにおけるZCTの施設とケーブルシールドの接地方法における留意事項を示します。

　保安上の責任分界点に地絡継電装置付高圧交流負荷開閉器（以下「GR付PAS」という。）が施設されていない場合、シールド接地の方法によっては地絡事故を検出できないケースがあります。

　電源側にGR付PASが施設されていない場合、図1のようにZCTの負荷側で接地することとなります。この場合は、ZCTの電源側の地絡事故を検出することが可能であるため、需要家側で電源側事故の発生を確認でき、事故点の判明に時間を要しません。

　ただし、保安上の責任分界点にGR付PASが施設されている場合は、同時検出となるため、主遮断装置が先行動作した場合、GR付PAS（操作用電源内蔵のものを除く。）の操作用電源がなくなり、GR付PASが不動作となるおそれが生じます。

　図2のように負荷側にシールド接地を行い、ZCTにくぐらせて接地すると、地絡電流がZCTを往復するため、ケーブルの地絡事故が検出できなくなります。需要家において電源側の事故の発生を確認できないため、事故点の判明に時間を要します。

　また、両端接地を行う場合は、図3のように一方の接地をZCTの負荷側にシールド接地を取り付け、ZCTにくぐらせて接地します。この場合は、両接地線をとおして流れる迷走電流による不必要動作を防止し、受電設備側に施設した地絡継電装置は正常に動作します。

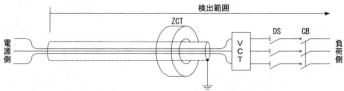

図1　ZCTの負荷側で接地する場合（片端接地）

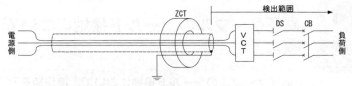

図2　負荷側にシールド接地を取り付け、ZCTにくぐらせて
　　　接地する場合（片端接地）

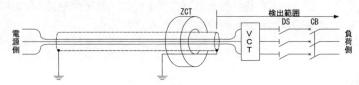

図3　一方の接地をZCTの負荷側にシールド接地を取り付け、
　　　ZCT にくぐらせて接地する場合（両端接地）

Q 1-37 高圧ケーブルのシールド接地について
教えて

高圧ケーブルのシールド接地において、接地線をZCTに貫通させる理由を教えてください。

A 1-37 シールドの接地線をZCTに通すのは、高圧ケーブルにおける地絡の検出範囲を適切にするためです。

解説 ●●●

　通常は地絡が発生すると、地絡点から電流が大地に流れます。これによりZCTに流れる、行き帰りの電流のバランスが崩れて地絡電流を検知します。しかし、高圧ケーブルで地絡が発生すると、少し特殊な流れになります。

　高圧ケーブルの絶縁物劣化で地絡するとシールドが接地されているので、地絡電流はシールドを通って大地に流れます。

　この状態で高圧ケーブルに、地絡が発生した場合の電流の流れを考えると、地絡電流がZCTを往復しています。これではZCTからみれば±0で、地絡電流が検知できません。

　地絡電流を検知できない問題を解決する方法が、シールドの接地線をZCTに通してから、接地する方法です。これにより電流の行き帰りで打ち消されても、シールドの接地線の分で地絡電流を検知できます。しかし、これは絶対という訳ではなく、保護範囲が変わるので注意が必要ということになります。シールドの接地線をZCTに通すのは、その高圧ケーブルを保護範囲に入れるか入れないかの違いになります。通すと保護範囲内、通さないと保護範囲外となります。

　よって、貫通して設置するのは、その高圧ケーブルを地絡保護の範囲に入れるためです。

資料2-1-1　ZCTとケーブルシールドの接地方法
（送出し用ケーブルの場合）　（一部編集）

　図1のように電源側にシールド接地を取り付け、ZCT にくぐらせて接地することにより、送出し用ケーブルの地絡事故を検出します。一方、図2のようにZCT の電源側で接地すると、送出し用ケーブルの地絡事故を検出することができず、事故点の判明に時間を要します。

　送出し用ケーブルを両端接地する場合には、図3のように施設することで、検出範囲を調整できます。

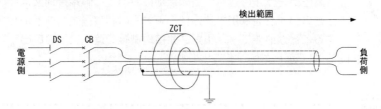

**図1　電源側にシールド接地を取り付け、ZCTにくぐらせて
接地する場合（片端接地）**

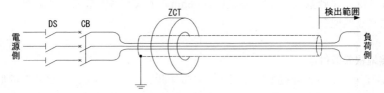

図2　ZCTの電源側で接地する場合（片端接地）

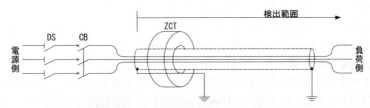

**図3　一方の接地をZCTの電源側にシールド接地を取り付け、
ZCTにくぐらせて接地する場合（両端接地）**

Q 1-38 高圧ケーブルの遮へい層の接地方式等について教えて

高圧ケーブルの遮へい層の接地方式は、両端接地又は片端接地のいずれがよいのでしょうか。また、高圧ケーブルの遮へい層が片端接地の場合、非接地側端の遮へい層の口出し線は3本結んだ方がよいのでしょうか。

A 1-38 高圧ケーブルの遮へい層の接地において、両端接地又は片端接地のいずれを採用するかは、両方式の利害得失をもとに判断することが必要です。また、非接地側端の遮へい層の口出し線は、結ばず下記で示した処理を施します。

解説

高圧ケーブルの遮へい層の接地方式が片端接地の場合、引出した各相の接地用すずメッキ軟銅線（φ2mm又はφ1.6mm）は結ばずに、それぞれ単独で次のような処理をします。

①接地線の取付け

CVTケーブルの非接地側端遮へい層の切断点になるべく近い位置で接地用すずメッキ軟銅線（φ2mm又はφ1.6mm）（以下、「接地線」という）を遮へい層銅テープ上に2回巻き付け確実に半田付けをします。

引出した接地線2本の上に、約150mmに亘り粘着性ポリエチレンテープを1/2重なりで1回巻きして切断します（図1参照）。

②耐塩用差込形終端

端末本体の下端部に図2のように絶縁テープを巻いた後にテープ巻きの下端から接地線を50mm程度残して切断し、その切断面を絶縁テープでシールドします。この接地線50mmをCVTケーブルのケーブルシース上に巻きつけて、ビニル絶縁テープで3回以上押さえ巻きするようにします。

③差込形屋外終端

端末本体下部の絶縁処理後は、②と同じ処理をします（図3参照）。

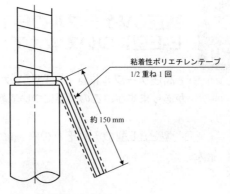

図1　接地線の取付け

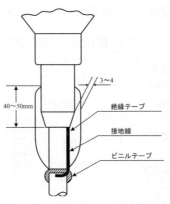

図2　耐塩用差込形終端

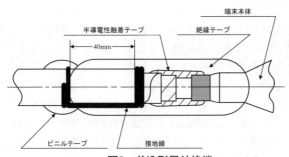

図3　差込形屋外終端

高圧CVケーブルのE-T型と
E-E型について教えて

高圧ケーブルには、E-T型CVケーブルとE-E型CVケーブルがありますが、この概要について教えてください。

A
1-39

E-T型とE-E型のそれぞれの特長について下記にまとめました。

解説

高圧ケーブルの絶縁材料である架橋ポリエチレンと絶縁体構造の特長は、表1のようになります。

表1　E-T型とE-E型の特長

E-T型	内部半導電層	押出被覆 （Extrude）	押出被覆 テープ巻
	絶縁体	押出被覆	
	外部半導電層	テープ巻 （Tape）	
E-E型	内部半導電層	押出被覆 （Extrude）	押出被覆 押出被覆
	絶縁体	押出被覆	
	外部半導電層	押出被覆 （Extrude）	

一般のポリエチレンは、電気的に優れた材料ですが、熱的性質がローソクに似ており110℃程度になると急激に溶けてしまいます。このような性質のため、電力ケーブルとしてあまり使用されていませんでした。この欠点を改善させ、耐熱性を上げたものが高圧ケーブルの絶縁材料である架橋ポリエチレンです。この架橋を起こすには、ポリエチレンに有機過酸化物等を添加し、加熱する方法が一般的です。このような処理により架橋されたポリエチレンは、電気的性能はポリエチレンと同等であり、さらに高温において変形しにくい、耐油、耐薬品性に優れるという特性を持ちます。

製造方法としては、架橋ポリエチレン絶縁体は、ベースになるポリエチレン

に架橋剤、老化防止剤を混入したものを押出被覆後、高温、高圧で架橋させ、直ちに高圧冷却をします。さらに、絶縁体中及び内部半道導電層と絶縁体の界面に有害な異物・ボイドが存在しないような製造方法・管理が行われます。例えば、内部半導電層と絶縁体を同時に押し出し架橋（2層同時押出型・E-T型という。）し、両者の接着を良好にし、かつ界面の異物の除去をねらっています。

さらに、外部半導電層を同時に押し出し架橋（3層同時押出型・E-E型という。）する方法もとられています。

三層同時押出型・E-E型は、日本電線工業会規格（JCS）になっており、JCS 4395（6600V架橋ポリエチレンケーブル（3層押出型））を参照してください。また、E-E型については、高圧規程第1225-5条第2項にも記載があります。

認定及び推奨キュービクルについて教えて

Q 1-40

高圧規程第1275-1条ではキュービクルは、原則としてJIS C 4620（キュービクル式高圧受電設備）に適合するものと規定しておりますが、（一社）日本電気協会の推奨キュービクルや認定キュービクルとの関係を教えてください。また、推奨キュービクルや認定キュービクルを使用するメリットは何ですか。

A 1-40

（一社）日本電気協会の推奨キュービクルや認定キュービクルは共にJIS C 4620に適合していることが各種試験により確認されています。JIS規格以外に下記に示すような事項について検査しています。

解説

推奨キュービクルと認定キュービクルについて、説明します。

○推奨キュービクルについて

1958年頃、一部電力会社の地域（現在の一般送配電事業者に相当。）においてキュービクル推奨規格が制定され、推奨制度が独自に発足しました。

現在の推奨キュービクルは、自家用高圧需要家受電設備の安全確保及び一般送配電事業者への波及事故を防止し、信頼性の高いキュービクルを普及させるため、（一社）日本電気協会が制定した「キュービクル式高圧受電設備推奨基準」に適合したキュービクルです。

「キュービクル式高圧受電設備推奨基準」への適合は、推奨委員会において審査されています。この審査に合格し、推奨を受けたキュービクル（以下、「推奨品」という）には、その見やすい箇所に所定の推奨銘板が貼付してあります。（図1）

キュービクル式高圧受電設備推奨基準が、JIS C 4620「キュービクル式高圧受電設備」を踏まえて規定されていることから、推奨品はJIS C 4620の適合品でもあり、優良な高圧受電設備となっています。

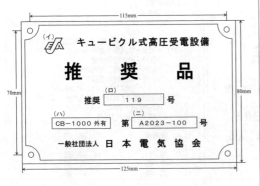

【銘板の読み方】
(イ) 協会章
(ロ) 119 →形式推奨番号
　　　（個別推奨番号：S119）
(ハ) CB →主遮断装置別（CB形、PF・S形）
　　　1000 →最大設備容量
　　　　　　（引出し容量は含めない）
　　　外 →屋外用・屋内用の別
　　　有 →機械換気装置有
　　　　　　（無の場合は刻印しない）
(ニ) 形式推奨：A2023→製造地区・交付年
　　　（個別推奨：2023→交付年）
　　　100→銘板交付番号
〔地区別記号〕
A 北海道　　　　　F 関　西
B 東　北　　　　　G 中　国
C 関　東　　　　　H 四　国
D 中　部　　　　　K 九　州
E 北　陸　　　　　O 沖　縄

図1　推奨銘板

○認定キュービクルについて

1972〜1973年度に発生した大規模なデパート火災を踏まえ、消防法令の大改正が行われ、消防用設備等の設置基準が強化されることとなりました。これに伴い非常電源設備の告示基準の整備が図られ「キュービクル式非常電源専用受電設備の基準」が制定されました。

JIS C 4620の制定と1969年からの推奨キュービクルの普及により、日本電気協会は消防庁登録認定機関となりました。

現在の認定キュービクルは、消防法第17条に定める消防設備等の電源を確保するため、（一社）日本電気協会が制定した「キュービクル式非常電源専用受電設備認定基準」に適合したキュービクルです。「キュービクル式非常電源専用受電設備認定基準」への適合は、認定委員会において審査されており、この審査に合格し、認定を受けたキュービクル（以下、「認定品」という）には、その見やすい箇所に所定の認定銘板が貼付してあります。（図2）

キュービクル式非常電源専用受電設備認定基準は、昭和50年5月28日消防庁告示第7号（改正第8号）「キュービクル式非常電源専用受電設備の基準」及びJIS C 4620「キュービクル式高圧受電設備」を踏まえて規定されていることから、認定品は消防法施行規則における非常電源専用受電設備の条件を満足したものとなっています。

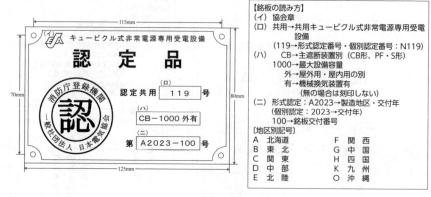

図2　認定銘板

○推奨キュービクル及び認定キュービクルの追加的基準

　推奨キュービクル及び認定キュービクルは、JIS C 4620の基準に加え、例えば以下のような追加的基準（一部抜粋）が設けられ、より安全性の高いものとなっています。

①高圧充電露出部の防護

　高圧交流負荷開閉器の防護や裏面及び側面の扉を開いた状態で、水平方向600mm以内に高圧充電露出部がある場合には、透明な隔壁を設け防護することとしています。

②変圧器及び直列リアクトルと高圧進相コンデンサの相互の離隔距離を追加

　変圧器及び直列リアクトルは、高圧進相コンデンサと200mm以上離隔して取り付けることとしています。また、受電箱に施設する場合の高圧進相コンデンサ及び直列リアクトルは、その構造上、保守点検に必要な空間として上部275mm以上、それ以外の周囲にあっては、100mm以上設けることが規定されています。

③継電器試験用端子と保守点検用コンセントの取り付け

　継電器の試験端子は、操作盤前面の外箱の底面より150mm以上の測定しやすい位置に取り付けることとしています。また、操作用端子等は、外箱の底面より150mm以上の位置に取り付けることとしています。

④外部露出部の制限

　屋外用のキュービクルは、外部露出制限を設けています（各種表示灯（※1）、換気装置、扉用ハンドル及び鍵を除く）。

　屋内用のキュービクルは、外部露出制限を設けています（各種表示灯（※1）、電圧計、電流計、周波数計その他操作等に必要な計器類（※2）等を除く）。

※1　照光部を不燃性又は難燃性の材料としたものに限る。非常電源の確認表示は除く。

※2　電圧回路ではヒューズ等で保護されているもの、電流回路では変流器に接続されているものに限る。）

⑤基礎ボルトの仕様

基礎ボルトのねじは、耐震性を考慮してJIS B 0205に規定するものを使用します。

⑥消防負荷と一般負荷が接続される共用変圧器（1.2）における配線用遮断器の定格電流の制限

配線用遮断器が複数台の場合は、その合計した値は変圧器定格二次電流の2.14倍以下、一般用配線用遮断器のうちの主配線用遮断器は、変圧器定格二次電流の1.5倍以下の制限を設けています。

⑦高圧進相コンデンサ及び直列リアクトルの開閉装置の指定開閉装置に高圧カットアウトは使用できません。

⑧接地端子の取り付け及びその仕様

接地端子の取り付け位置は、外箱正面などの接地抵抗を測定しやすい箇所とし、避雷器の接地端子は、接地電線が最短になるように配線することとしています。

⑨その他

ハンドルや施錠装置の仕様、高圧引出の取扱、高圧絶縁電線相互接続方法やケーブルの端末処理、低圧配線用のブスバーの仕様、接地工事の細目、換気装置の仕様など

推奨品、認定品とは上記のように、JIS C 4620に適合するほか、保安上問題のないことを保証するものですが、高圧規程第1130-4条第1項①に規定しているように、「屋外に設置するキュービクルは、建築物から3m以上の距離を保つこと。ただし、不燃材料で造り、又は覆われた外壁で開口部のないものに面するときは、この限りでない。」と規定されており、推奨品や認定品を使用することにより、離隔距離をより短い距離に緩和することができます。このほか、認定品は、正確には、「キュービクル式非常電源専用受電設備」として認定されたもので、消防法上の「非常用電源設備」が要求されている建物の受電設備に認定品を使用すれば消防署による各種の試験が省略できる（※1）ことになっています。（高圧規程　資料1-1-6参照）

※1　（一社）日本電気協会は、消防法施行規則第31条の5による「登録認定機関」であり、認定品は消防法施行規則第31条の3の「消防設備等の技術基準」に適合したものとして扱われるため、消防検査の簡略化が可能となります。

Q 1-41 ビルの構造体の接地抵抗測定法について教えて

ビルの構造体の接地抵抗測定法について教えてください。

A 1-41

電圧降下法（電位降下法）により測定を行います。下記に詳細をまとめました。

解説

接地極がメッシュ又は鉄骨や鉄筋コンクリート建築等の基礎で表面積が広く接地抵抗が非常に低い場合の接地抵抗測定は、電圧降下法（電位降下法）により測定を行います。図1に示すように補助極及び零電位点とも距離を大きくとり、商用周波数の電流 I_S[A] を多量（20A程度以上）に流し、その電圧降下（接地系の電位上昇の真値）V_{S0}[V] を測定して所定の計算式

$$R = \frac{V_{S0}}{I_S} \ [\Omega] \quad 、 \quad V_{S0} = \sqrt{\frac{V_{S1}^2 + V_{S2}^2 - 2V_0^2}{2}} \ [V]$$

から真の接地抵抗値 R[Ω] を算出します。

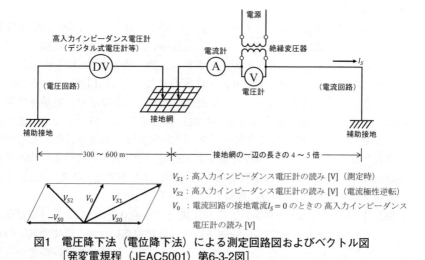

V_{S1}：高入力インピーダンス電圧計の読み [V]（測定時）
V_{S2}：高入力インピーダンス電圧計の読み [V]（電流極性逆転）
V_0 ：電流回路の接地電流 $I_S = 0$ のときの 高入力インピーダンス電圧計の読み [V]

図1　電圧降下法（電位降下法）による測定回路図およびベクトル図
　　　[発変電規程（JEAC5001）第6-3-2図]

PASの定格電流の選定について教えて

PASの定格電流の選定は何で決まりますか。

A 柱上気中開閉器（PAS：Pole Air-break Switch）の定格電流の選定は、受電設備容量から負荷電流値を求めて決められます。なお、これに見合う定格短時間耐電流、定格短絡投入電流は、設置場所の短絡容量で決定します。

解説

PASは、高圧規程第1215-1条にある「地絡継電装置付高圧交流負荷開閉器（区分開閉器）」によります。その定格電流は、表1にあるように200Aから600Aまであり、まず、受電設備容量から負荷電流値を求めて決められます。設備容量が最大受電電力よりかなり大きなもので、将来的に負荷の増設が予定されない場合は、最大受電電力から求めた負荷電流により決めます。その後、設置場所の短絡容量により、これに見合う定格短時間耐電流、定格短絡投入電流等に基づいて決定します。

一般的には定格短時間耐電流12.5kAのものが使用されます。

表1　高圧交流負荷開閉器（区分開閉器）の定格例（参考）[高圧規程1215-1表]

定格電圧 [kV]	7.2			
定格電流 [A]	200	300	400	600
定格短時間耐電流 [kA]（1秒）	8　、　12.5			
制御装置	SOG（地絡検出：方向性又は無方向性）			

〔備考〕定格短時間耐電流は、系統（受電点）の短絡電流以上のものを選定すること。

Q 1-43 定格短時間耐電流と定格短絡投入電流について教えて

高圧交流負荷開閉器（LBS：Load Break Switch）の定格短時間耐電流と定格短絡投入電流について教えてください。

A 1-43　定格短時間耐電流とは、開閉器に通電しても異常が認められない電流値の限度です。定格短絡投入電流は、開閉器を投入し、開閉器の各極に流すことができる短絡電流の限度です。定格短時間耐電流及び定格短絡投入電流は、開閉器の負荷側で短絡事故が発生した時に開閉器に求められる性能です。

定格短時間耐電流及び定格短絡投入電流は、開閉器設置点における系統短絡容量に応じて選定しなければなりません。

なお、開閉器設置点における系統短絡容量は、電源容量及び電源側線路インピーダンスによって決まるため、定格電流が十分であっても、短絡投入電流性能及び短時間耐電流性能を満足しない場合があります。そのような場合は、開閉器自体が短絡電流に対応できずに、接触子の溶着、開閉器の破損などの問題を起こす可能性があるため、適切な短時間耐電流性能及び短絡投入電流性能をもった定格電流の開閉器を選定しなければなりません。

解説 ••

高圧交流負荷開閉器（LBS）の定格短時間耐電流と定格短絡投入電流は、JIS C 4605：2020「高圧交流負荷開閉器」に規定されています。表1にその内容をまとめました。

表1　定格短時間耐電流及び定格短絡投入電流
[JIS C 4605：2020 4.5表0Fより一部抜粋]

定格電流I_r [A]	定格短時間耐電流 （実効値）I_k[kA]	定格短絡投入電流 （波高値）I_ma[kA]	定格短絡投入電流 （I_ma）の投入回数
100、200、 300、400、600	8	20	A級：1回 B級：2回 C級：3回
	12.5	31.5	

〔備考〕短時間耐電流は、定格短絡時間での対称分実効値で表し、通電の最初の周波において各相のうち、最大のものがその定格短絡投入電流以上の波高値（直流分を含む。）をもたなければならない。

Q 1-44 開閉器のバリヤについて教えて

高圧交流負荷開閉器や限流ヒューズ付高圧交流負荷開閉器の規定において、「相間及び側面には絶縁バリヤを取付けてあるものであること」とありますが、この絶縁バリヤはどのようなものですか。（高圧規程第1240-4条「高圧交流負荷開閉器」、第1240-6条「限流ヒューズ付高圧交流負荷開閉器」）

A 1-44　高圧交流負荷開閉器に取付ける、絶縁バリヤは、ネズミやヘビ等の小動物が受電設備内に侵入し、充電部に接触することによって生じる短絡事故や地絡事故等を防止するために、相間及び側面に取付けるものです。

解説

過去の事故事例によれば、開閉器の事故は、他物の接触によるものが多いので、これを防止するため、開閉器には絶縁バリヤを設けることを規定しています。また、主遮断装置では、雷・台風などの自然現象の他に、高圧交流負荷開閉器（LBS）の充電部に、ネズミ、ヘビなどの小動物が接触し波及事故が発生しています。この対策としては、電気室、キュービクルの隙間・開口部を閉塞するなどの侵入防止対策を講じることや、充電部の絶縁バリヤ（図1）、保護カバーの取付けも必要となってきます。また、保守不完全や自然劣化によるものも発生しているため、定期的な清掃など適切なメンテナンスが望まれます。（資料0-2「設備の推移と事故」2. 高圧自家用電気工作物の波及事故　参照）

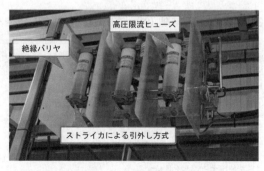

図1　限流ヒューズ付高圧交流負荷開閉器（絶縁バリヤの施設例）

Q 1-45　汎用高圧機器の更新時期について教えて

汎用高圧機器の更新時期として、参考となる資料はありますか。

A 1-45　高圧規程の資料1-3-5において、汎用高圧機器の更新推奨時期が掲載されており、例えば変圧器の更新推奨時期は目安として20 ～ 25年と定められています。表1の高圧設備の各機器の更新推奨時期（例）を参照ください。

解説

　汎用高圧機器の寿命（電気的性能や機械的性能が低下して、使用上の信頼性や安全性が維持できなくなる時期）を一概に示すことは難しく、これは、機器の使用状況、絶縁物の経年劣化、機械的な摩耗、疲労、狂い、環境条件（周囲温度、湿度、雰囲気等）等が複雑に絡み合うためです。

　しかし、高圧需要家における計画的な機器の更新、保守点検の一つの目安として、更新推奨時期が高圧規程に示されています。（表1参照）

　表1は、文献等及び実際に交換が行われた事例を基に作成していますが、あくまでも設備更新を推奨する時期の一例であり、それぞれの機器の状況に合わせて判断することが重要です。塩害地域においては、設備の劣化が著しいことから、特に留意する必要があります。

　なお、更新推奨時期の詳細は、「自家用保安管理規程」にも掲載されておりますので、そちらも併せて参照してください。

表1　高圧設備の各機器の更新推奨時期（例）[高圧規程 資料1-3-5、1表をもとに一部編集]
（単位：年）

機器名	気中開閉器（PAS）	高圧CVケーブル	高圧真空遮断器	気中負荷開閉器（LBS）	変圧器	高圧進相コンデンサ	保護継電器
更新推奨値	10 ～ 15又は規定開閉回数	水の影響がある場合15　水の影響がない場合20 ～ 25	20 ～ 25	15 ～ 20又は規定開閉回数	20 ～ 25	15 ～ 20	10 ～ 15

〔備考1〕本表は、一つの目安として示した例であり、設備更新の判断は、それぞれの機器の使用状況、環境、保守・点検の結果等によって合理的に行うこと。
〔備考2〕高圧CVケーブルについては、水の影響により推奨時期を分けているが、浸水等の影響がある場所への布設や水トリー事故による張り替えについては、耐水トリー性の強い3層押出型（E-Eタイプ）を使用することを推奨する。

Q 1-46　絶縁保護具等の絶縁性能について教えて

　　法令で規定されている絶縁用保護具等（絶縁用保護具・防具、安全作業工具及び活線作業器具・装置）の絶縁性能の確認方法について教えてください。
　　また、絶縁性能を確認する上で絶縁保護具等の耐電圧試験の具体的な方法を教えてください。

A 1-46　　6カ月以内毎に1回行う自主検査と絶縁用保護具等の耐電圧試験及び結果の記録は、安衛則第351条第1項、第4項に定められているため、必ず行わなくてはならない事項です。耐電圧試験は、電気用保護帽、電気用ゴム手袋、電気用長靴のような袋状のものは水中において、絶縁衣、絶縁シート、絶縁管のような板状、管状のものは気中において、規定の電圧に耐えるかどうか調べます。

解説 ••

　絶縁用保護具に関して、安衛則第351条第1項では、「絶縁用保護具等については、6カ月以内ごとに1回、定期に、その絶縁性能について自主検査を行わなければならない。」と定められております。また、安衛則第351条第4項では、「自主検査を行ったときは、次の事項を記録し、これを3年間保存しなければならない。」とし、それらは、「1検査年月日、2検査方法、3検査箇所、4検査の結果、5検査を実施した者の氏名、6検査の結果に基づいて補修等の措置を講じたときは、その内容」と規定されています。

○耐電圧試験の具体的な方法

　耐電圧試験の具体的な方法は、JIS T 8010（絶縁用保護具・防具類の耐電圧試験方法）に規定されています。一般に、電気用保護帽、電気用ゴム手袋、電気用長靴のように袋状のものは、図1に示すように水中試験を行い、絶縁ゴム管、絶縁シート等は気中試験を行います。

　絶縁用保護具・防具の定期自主検査時の耐電圧試験において、下記の電圧を加えて行うこととされています（昭和50年7月21日付け基発第415号）。

①交流の電圧が600Vを超え、3,500V以下である電路、または直流の電圧が
　750Vを超え、3,500V以下である電路について用いるものは、6,000V以上
②電圧が3,500Vを超える電路について用いるものは、10,000V以上
したがって、製造時（新品時）および定期自主検査の時は、表1の耐電圧性
能を有している必要があります。

また、表1で示す試験時間は「絶縁用保護具等の規格」の第3条【絶縁用保
護具の耐電圧性能等】及び第5条【絶縁用防具の強度等及び耐電圧性能等】で
規定されています。（表2参照）

表1　耐電圧性能（低圧用を除く）

分 類	試験対象品目		試験基準		
			試験電圧値 （新品）	試験電圧値 （定期自主検査）	試験時間
保護具	電気用保護帽		AC 20,000V	AC 10,000V	1分間
	電気用ゴム手袋	3,500V以下の高圧用	AC 12,000V	AC 6,000V	1分間
		3,500V超え7,000V以下の高圧用	AC 20,000V	AC 10,000V	1分間
	電気用ゴム袖		AC 20,000V	AC 10,000V	1分間
	絶縁衣		AC 20,000V	AC 10,000V	1分間
	電気用長靴		AC 20,000V	AC 10,000V	1分間
防具	絶縁管		AC 20,000V	AC 10,000V	1分間
	絶縁シート		AC 20,000V	AC 10,000V	1分間
	絶縁カバー		AC 20,000V	AC 10,000V	1分間

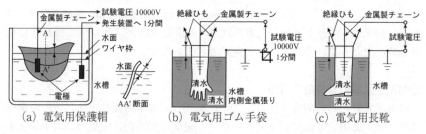

（a）電気用保護帽　　（b）電気用ゴム手袋　　（c）電気用長靴

図1　水中試験法による耐電圧試験

絶縁用保護具等の規格　▶　第3条、第5条

第3条【絶縁用保護具の耐電圧性能等】（一部抜粋）

　絶縁用保護具は、常温において試験交流（50 Hz又は60 Hzの周波数の交流で、その波高率が1.34から1.48までのものをいう。以下同じ。）による耐電圧試験を行ったときに、次の表2の上欄に掲げる種別に応じ、それぞれ同表の下欄に掲げる電圧に対して一分間耐える性能を有するものでなければならない。（第1項）

表2　絶縁用保護具及び防具の耐電圧性能

絶縁用保護具及び防具の種別	電圧 [V]
交流の電圧が300 Vを超え600 V以下である電路について用いるもの	3,000
交流の電圧が600 Vを超え3,500 V以下である電路又は直流の電圧が750 Vを超え3,500 V以下である電路について用いるもの	12,000
電圧が3,500 Vを超え7,000 V以下である電路について用いるもの	20,000

第5条【絶縁用防具の強度等及び耐電圧性能等】

　第2条及び第3条の規定は、絶縁用防具について準用する。

Q 1-47　保安業務における点検について教えて

保安業務における点検について教えてください。

A 1-47　高圧規程第1310-1条第1項では、高圧受電設備の保守・点検は電気事業法第42条の規定により作成した「保安規程」によることと規定されています。保安規程には、自家用電気工作物の工事、維持及び運用に関する保安のための巡視、点検及び検査に関することを規定することとしています。高圧規程では、高圧受電設備における保守・点検として、日常巡視、日常点検、定期点検、精密点検、臨時点検に区分し、実施することが示されています。以下に、各点検の詳細についてまとめました。

解説

　電気設備の点検（保守）は、その電気設備が使用者にとって安全に使用（運転）でき、その性能が十分であり、人や他の施設等に対して危険と障害を与えるおそれがないことを確認するために行うものです。

　巡視、点検の種別は、一般的に日常巡視、日常点検、定期点検、精密点検、臨時点検に区分されます。以下に高圧規程第1320-1条の概要をご紹介します。

1.　日常巡視

　日常巡視は、1日から1週間の周期で構内を巡視して、運転中の電気設備について、肉眼で設備の外観の変化等、例えば運転中の電気工作物について、目視等により異常の有無を確認し、周囲環境の異常（設備の周囲の温度が高温になったり、雨水による、浸水や冠水が発生するなど）がないかを確認する他、五感を活用しながら異臭や異音等の有無を確認します。

　このように、日常巡視は事故等を未然に防ぐための重要な役割となっています。

2.　日常点検

　日常点検は、短期間（1週間から1ヵ月）の周期で主として運転中の電気設備を視覚、聴覚及び臭覚等による外観点検、又は各種測定器具を使用して点検を行い、電気設備の異常の有無を確認します。

3．定期点検

定期点検は、保安規程に定める基準に従って設備の現状把握を実施し、電気工作物の経年変化等により発生する技術基準への不適合や不適合のおそれのある事項、その他改修を必要とする事項の有無を確認し、事故・故障等を未然に防止するものです。

定期点検は、一般的に月次点検と年次点検に大別されます。

各点検は、以下の内容で行われます。

①月次点検

月次点検は、設備が運転中の状態において点検を実施するものであり、月単位で実施される定期点検を意味しています。設備の内容（設備容量の大小、発電所の有無や監視装置による状態監視の有無等）によっては月2回や隔月ごと、3ヵ月ごとに行われるものもあって必ずしも月1回というわけではありません。

点検の内容としては、自家用電気工作物の外観点検、測定器による諸測定や状態確認等を実施します。

②年次点検

年次点検は、主として停電により設備を停止状態にして点検を実施するものであり、年単位で実施します。設備の内容によっては年2回のものもあり、一部の内容は2年ごとや3年ごとに行われるものもあります。

点検の内容としては、自家用電気工作物の外観点検、電気機械器具の内部点検、諸測定及び継電器、遮断器等の動作試験等を実施します。

4．精密点検

精密点検は、長期間（2年から5年程度）の周期で、年次点検項目のほか、電気設備を停止し、必要に応じ分解するなど目視、測定器具等により点検、測定及び試験を実施し、異常の有無を確認します。

5．臨時点検

臨時点検は、電気事故その他異常が発生した場合又は発生のおそれがあると判断したときに実施します。また、事故発生に至らない場合でも、各種点検において、異常があった場合、改修の必要を認めた場合、汚損による清掃の必要性がある場合等には、内容に応じた措置を施します。

電気設備における清掃の重要性について教えて

高圧規程第1310-2条では、定期点検、精密点検などで電気設備を停止した場合は、設備の清掃を行うことが規定されていますが、その理由は何ですか。

A 1-48　定期的な清掃を行わないことにより、絶縁抵抗が低下し、その状態で使用し続けると地絡や短絡が発生し、電気設備に影響を及ぼします。

高圧規程第1320-1条第6項で、清掃を実施するに当たっての留意事項が示されていますので、下記に解説します。

解説

高圧規程第1320-1条第6項では、「各種点検において、異常があった場合、修理・改修の必要を認めた場合、汚損による清掃の必要性がある場合等は、停電をして定期点検、精密点検等を行い、内容に応じた措置を講ずる」と定められており、清掃を実施するに当たっての留意事項を次のように規定しています。

①目視及び絶縁抵抗測定により汚損状態を確認し、異物の除去、清掃を行う。
②絶縁部を重点として断路器、遮断器、高圧交流負荷開閉器、変圧器、計器用変成器等の各機器、ケーブル端末、配電盤、受電室等の清掃を行う。
③汚損の程度がひどく、乾燥ウエスで拭き取れない場合は、機器材料に合った清掃液（アルコール液等）にウエスを浸し、絶縁物表面の粉じんを拭き取る。

機器の絶縁物表面には、設置場所によって異なりますが長期間の使用によって、セメント粉などの粉じんや海塩粒子、金属粉、その他塵埃が付着しやすいです。単に汚損物の付着だけでは直ちに不具合の発生に結びつくことは少ないですが、高湿度条件と重なると吸湿によって腐食や絶縁低下が促進されます。このため、これら付着した粉塵などを除去することが重要なことです。

なお、高圧規程では、精密点検などで設備を停電したときに必要に応じて設備の清掃を実施することが記載されています。

Q 1-49 絶縁耐力試験と絶縁抵抗測定について教えて

高圧規程第1330-1条（1330-1表）絶縁抵抗測定について、低圧電路では、開閉器で区切ることのできる電路ごとに絶縁抵抗が数値で示されていますが、高圧電路では絶縁耐力試験の回路について行うこととしているのはなぜですか。また、絶縁抵抗測定との違いを教えてください。

A 1-49　電路絶縁の原則により電路は大地から絶縁しなければなりませんが、この場合、電気設備の絶縁性に関する信頼度の判定が必要になります。その判定方法として、現在一般に行われている方法には、絶縁耐力試験と絶縁抵抗測定があります。絶縁耐力試験は、使用電圧に対して規定された交流もしくは直流電圧を印加し、絶縁破壊を起こすかどうかで絶縁不良を検出するのに対して、絶縁抵抗測定は、絶縁抵抗計などでその絶縁抵抗を測定することにより絶縁不良を検出する方法です。

以下に詳細をまとめました。

解説

電技省令第58条第1項 では、低圧電路に関しては、開閉器等で区切ることのできる電路ごとに絶縁抵抗値が規定されています。また、高圧電路に関しては絶縁耐力について規定されています。

電技解釈第14条の解説では、「絶縁のレベルの判定は、絶縁耐力試験における電圧値と時間によることが最も理想的である。しかし、絶縁抵抗測定による方法は、低圧の配線、電気使用機械器具の電路や電線路に関してはその測定が簡単であり、漏電による火災事故の防止に十分な目安となるものであるので、一般的にこれによる方法が採られている。」と記載されています。高圧の電路に関しては、電技解釈第15条の解説に「絶縁抵抗試験は一つの目安としては意味があるが、使用電圧が高くなると十分にその効力を発揮することができないので、絶縁耐力試験により絶縁の信頼度を定めている。」と記載されています。

高圧電路の絶縁性能の確認は絶縁耐力試験によって実施され、試験項目としては重要な事項です。

これらのことを踏まえ、高圧規程では、第1330-1条「各種試験」、1330-1表

「試験項目と検査方法」において、検査、試験、測定方法及び判定基準として電技省令・電技解釈に定められている絶縁抵抗測定及び絶縁耐力試験の内容を記載し、代表的な試験の概要として、高圧規程第1330-2条第1項に交流絶縁耐力試験の試験回路等が記載されています。

なお、絶縁性能の確認方法としては他に、絶縁劣化診断があり、各種の方法が実施されています。その長所と短所については、表1に記載していますので参照してください。

表1 電気試験（非破壊試験）の長所と短所［高圧規程資料1-3-2の1表］

試験法	長所	短所
絶縁抵抗試験	・取り扱い簡単、熟練要せず ・絶対値で劣化判定可能	・局部的劣化の検出不能 ・微小な劣化は検出不能
直流高圧絶縁抵抗試験（漏れ電流法）	・取り扱い簡単 ・高圧印加できるので局部的劣化もある程度検出可能	・熟練要す ・回路条件の検討要
誘電正接試験（tanδ）	・取り扱い簡単 ・絶対値で劣化判定可能 ・全長的な吸水、熱劣化検出にはよい	・装置が若干大掛かり ・局部的劣化は検出不可能で平均的な劣化の検出になる ・外来雑音等の除去が必要 ・回路条件の検討要
交流耐電圧試験	・判定基準が明白 ・使用条件での測定ができ実際的 ・局部的弱点検出可能	・装置が大掛かりで現地試験不向き ・合格しても長期寿命の保証にはならない ・特性変化状況がわからない ・試験中弱点を劣化させるおそれあり
直流耐電圧試験（直流高圧法）	・判定基準が明白 ・局部的弱点検出可能	・実用波形と異なるので交流と比べ信頼度は低い ・合格しても長期寿命の保証にはならない ・特性変化状況がわからない ・試験中弱点を劣化させるおそれあり
部分放電試験（コロナ）	・外傷のようなボイドなどの局部的欠陥の検出によい	・取り扱い複雑で熟練要し現場試験は不向き ・吸水、熱劣化などの全体的な劣化検出には不向き

○ 高圧の絶縁抵抗測定について

高圧ケーブルの絶縁抵抗の許容値については、高圧規程の資料1-3-2に1,000 ～ 2,000 Vの絶縁抵抗計（メガー）を使用し、各導体と遮へい層（大地）間及び金属遮へい層又は金属シースと大地との間に500 ～ 1,000 Vの絶縁抵抗計（メガー）を使用して測定したとき、絶縁抵抗判定の目安が表2に示されています。

表2　高圧ケーブルの絶縁抵抗値による判定目安　[高圧規程資料1-3-2の3表]

ケーブル		要注意
絶縁体	CV・CVT	2,000MΩ未満
	BN	100MΩ未満
シース	CV・CVT	1MΩ未満
	BN	0.5 MΩ未満

　被測定対象電路が高圧の場合、メガーの定格測定電圧は1,000V、2,000V等のものが多く使用されていましたが、最近では既設設備の定期点検には、使用電圧の直近上位の定格測定電圧5,000Vや10,000V等のものも少なからず実施される傾向にあります。

　回転機器や高圧断路器等の絶縁抵抗は、JEC-2100「回転電気機械一般」、JEM（日本電機工業会規格）技術資料第104号を基に各種電気機器の絶縁抵抗値の目安を示すと表3のようになっています。

表3　ケーブル、油入変圧器及び油入計器用変成器以外の機器などの絶縁抵抗の目安

測定対象	絶縁抵抗値	備考
回転機器	$\dfrac{定格電圧\,[V]+\frac{1}{3}\times定格回転速度\,[min^{-1}])}{定格出力\,[kWまたはkVA]+2,000}+0.5\,[MΩ]$	JEC-2100
高圧断路器	500MΩ（主導電部－大地間）	JEM 技術資料-178
高圧遮断器	500MΩ（主回路各相、極間および対地間）	JEM 技術資料-174
高圧交流 負荷開閉器	500MΩ （主回路と大地間、異相主回路間、同相主回路間）	JEM 技術資料-173
高圧モールド型 計器用変成器	1,000MΩ（高圧巻線－低圧巻線・大地間）	JEM 技術資料-164
高圧コンデンサ	100MΩ（端子一括－大地間）	JEM 技術資料-104
高圧避雷器	1,000MΩ（線路端子－接地側端子間）	JEM 技術資料-104

(1) 竣工検査での耐圧試験実施前後の絶縁抵抗測定

耐圧試験実施前の絶縁抵抗測定は、まず配線の誤りや対象となる機器・配線等に異常がないかを含め、被耐圧試験回路に高い電圧を付加してもよいかどうかを確認するためのものです。

耐圧試験は竣工検査の際に行うことが多いので、この場合設備はほとんど新品なので、絶縁抵抗は少なくとも数100 MΩ程度の値を示すことが多いです。

(2) 既設設備の定期点検での絶縁抵抗測定

一般に高圧電路の絶縁レベルのチェックは、信頼度の観点から本来は耐圧試験によることが望ましいです。しかし、これは破壊検査でもあるので既設設備については定期的（ほぼ毎年同時期）に絶縁抵抗測定を実施し、その経年変化を管理して絶縁劣化の有無の判断に利用しています。

図1は高圧受電設備（高圧回路の部分）に高圧電路の一括測定例を、また、図2に高圧ケーブルの絶縁抵抗測定事例を示します。

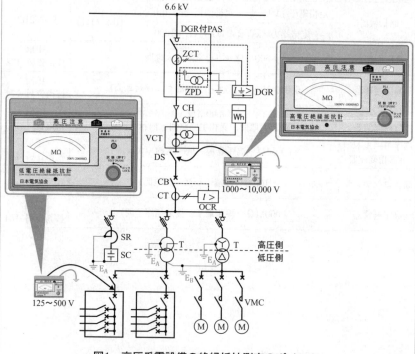

図1 高圧受電設備の絶縁抵抗測定のポイント

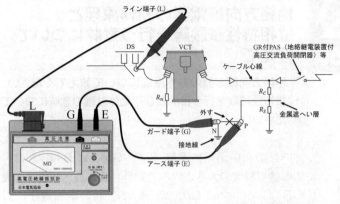

図2　ガード端子の使用による高圧ケーブルの絶縁抵抗測定

Q 1-50 地絡方向継電器の動作原理と位相特性試験等を行う意味について教えて

地絡方向継電器の動作原理について教えてください。また、位相特性試験を行う目的及び不動作試験の意味について教えてください。

A 1-50　方向性のない地絡継電器（GR：Ground Relay）は、地絡による零相電流の大きさのみで動作しますが、地絡方向継電器（DGR：Directional Ground Relay）は、零相電圧に対する零相電流の大きさと方向（位相特性）により動作する仕組みになっています。

そのため、位相特性試験によりDGRが動作する正方向の零相電流（当該の需要設備構内の地絡による地絡電流）で正確に動作することと、逆方向の零相電流（当該の需要設備構内以外の地絡による地絡電流）で動作しないことを確認する必要があるため、位相特性試験を行います。

解説

高圧規程第1330-2条第3項の⑤位相特性試験では「試験電流を整定値の1,000％、試験電圧を整定値の150％とし、不動作域から動作域へ位相を変化させたとき、継電装置が動作する範囲の位相角を測定する。」と規定されています。以上の関係を計算式で説明すると次のようになります。

高圧規程2130-1図の「配電用変電所地絡保護方式例」に示す高圧配電方式において、高圧自家用需要家の一線地絡電流 i_g は、①式（高圧規程P.209）で示されます。

$$\dot{i}_g = \frac{\dot{E}_g}{R_g + \dfrac{1}{\dfrac{1}{R_N} + \dfrac{1}{R_T} + j\omega C_T}} \fallingdotseq \frac{\dot{E}_g}{R_g + \dfrac{1}{j\omega C_T}} \ [\mathrm{A}] \cdots\cdots\cdots\cdots ①$$

この式で i_g の分母・分子にそれぞれ共役複素数を乗じ、ベクトル

$$A + jB = \sqrt{A^2 + B^2} \angle \tan^{-1}\left(\frac{B}{A}\right)$$

の形にして表すと次式のようになります。

$$i_g = \frac{\dot{E}_g}{R_g + \dfrac{1}{j\omega C_T}}$$

$$= \frac{|\dot{E}_g|}{\sqrt{R_g{}^2 + \left(\dfrac{1}{\omega C_T}\right)^2}} \angle \tan^{-1}\left(\frac{1}{\omega C_T\, R_g}\right) \text{ [A]} \cdots\cdots\cdots\cdots\cdots\cdots ②$$

したがって、地絡相電圧$\dot{E}_g$に対して地絡電流i_gは②式により、その大きさ$|i_g|$は、

$$\frac{|\dot{E}_g|}{\sqrt{R_g{}^2 + \left(\dfrac{1}{\omega C_T}\right)^2}}$$

方向（位相角）θは、

$$\tan^{-1}\left(\frac{1}{\omega C_T\, R_g}\right)$$

になりますので、明らかに進み電流であることが分かります。

　一線地絡事故時の地絡電流i_gは、当然のことながら地絡抵抗R_gと主変圧器二次側高圧配電系統全回路の対地静電容量C_Tにより決まることになります。②式を極座標グラフで表すとおおむね図2のようになります。よって、高圧規程P.225の記述のように自構内での地絡の場合は、図2の右上の動作範囲（おおむね極座標の第1象限）すなわちa =45°、θ =90°とすれば-45°～135°範囲の地絡電流i_gになりますから、正方向（地絡電流が電源から大地へ流れる場合）つまり正動作試験を行い、その動作を確認する必要があります。また、非接地式高圧配電線路では、この地絡電流i_gは図3から分かるように高圧配電線等の静電容量C_1や他の需要家電路の静電容量C_2を通して電源へ環流することになります。したがって、図3で示すように他の需要家ではi_gの一部i_{g2}が当該静電容量C_2を通して大地から電源方向に流れることになります。よって、他の需要家（いわゆるもらい動作）の場合は、i_{g2}は図2の左下の動作範囲（おおむね第3象限に相当）に相当します（図3参照）。すなわち、地絡電流i_{g2}は逆方向に流れます。したがって、地絡方向継電装置の場合は、不動作試験を行い、これにより動作しないことを確認する必要があります（不必要動作防止）。

　このように、地絡方向継電装置の性能をチェックするためには、自構内一線地絡による正方向零相電流の動作試験、高圧配電線等や他の需要家電路の一線地絡による逆方向零相電流の不動作試験を行う必要があります。

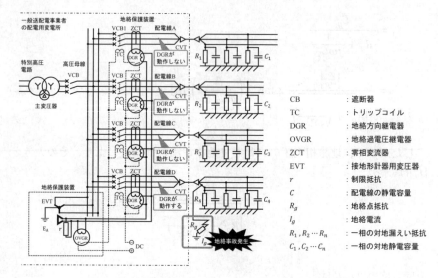

CB	：遮断器
TC	：トリップコイル
DGR	：地絡方向継電器
OVGR	：地絡過電圧継電器
ZCT	：零相変流器
EVT	：接地形計器用変圧器
r	：制限抵抗
C	：配電線の静電容量
R_g	：地絡点抵抗
I_g	：地絡電流
$R_1, R_2 \cdots R_n$	：一相の対地漏えい抵抗
$C_1, C_2 \cdots C_n$	：一相の対地静電容量

図1　一般送配電事業者の配電用変電所地絡保護方式例
[高圧規程2130-1図をもとに一部編集]

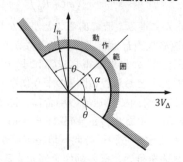

図2　位相特性 [高圧規程2130-17図]

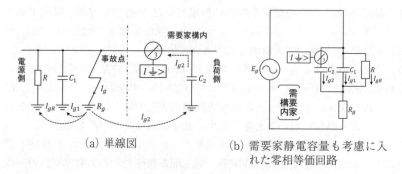

(a) 単線図　　　　　　　(b) 需要家静電容量も考慮に入
　　　　　　　　　　　　　れた零相等価回路

図3　不必要動作説明図 [高圧規程2130-19図]

第2章

保護協調・絶縁協調
に関するQ&A

「保護協調」について教えて

高圧受電設備における保護協調の概念について、教えてください。

保護協調とは、特に過電流保護においては、動作協調と短絡強度協調が保たれている状態をいいます。以下に動作協調及び短絡強度協調についてまとめました。

解説

○ 動作協調

系統内のある地点に、過負荷又は短絡あるいは地絡が生じたとき、事故電流値に対応して動作するように設定された事故点直近上位の保護装置のみが動作し、他の保護装置は動作しないとき、これらの保護装置の間では、動作協調が保たれているといいます。

また、保護機器又はその組み合わされた保護装置の動作特性曲線が、保護される線路又は機器の損傷曲線の下方にあって、これと交わることなく、かつ、保護機器が負荷の始動電流又は短時間過負荷に対して動作しないとき、保護装置と被保護機器との間には、動作協調が保たれているといいます。

○ 短絡強度協調

短絡電流に対し、被保護機器が熱的及び機械的に保護されるとき、保護機器と被保護機器は短絡強度協調が保たれているといいます。

以上のように動作協調と短絡強度協調が満たされることにより保護協調が保たれている状態をいいます。高圧受電設備は、責任分界点に近い箇所に主遮断装置を施設することにより、高圧電線及び機器を保護し、過電流等による波及事故を防止することとしています。

高圧配電系統での保護協調は、系統内に過負荷・短絡又は地絡が発生したとき、事故電流に対応して動作するように整定された事故点直近上位の保護装置のみが動作し、他の保護装置は動作しない状態のことをいいます。

図1は、高圧配電系の過電流保護の例を示したものです。一般に、高圧配電系統においては、図1に示すように低圧需要家への供給用変圧器（一般送配電事業者の設備）と高圧需要家とが混在しています。このような系統内におい

て、C高圧需要家のcf 点で事故が発生した場合、C高圧需要家の主遮断装置（受電用遮断器）と一般送配電事業者の配電用変電所の送り出しの遮断器との間で動作協調が取れていないと、C高圧需要家の主遮断装置（受電用遮断器）よりも先に一般送配電事業者の配電用変電所の送り出しの遮断器が動作してしまい、A高圧需要家、B高圧需要家及び低圧需要家も停電してしまいます。

　停電は、減産、品質低下などその影響は非常に大きくなりますので、高圧需要家においては、他需要家へ影響を及ぼさないためにも一般送配電事業者側の送り出しの遮断器と動作協調を図り、波及事故を防止しなければなりません。

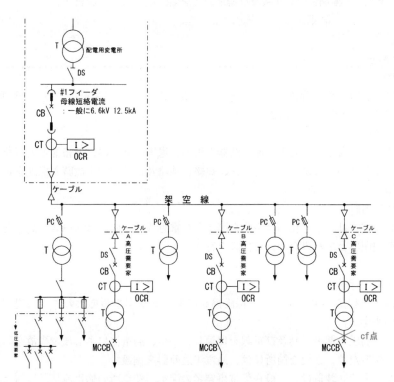

図1　高圧配電系統図（過電流保護）［高圧規程2110-1図］

Q 2-2 過電流保護協調と地絡保護協調の考え方を教えて

過電流保護協調と地絡保護協調の考え方について、高圧受電設備の主遮断装置がCB形とPF・S形の場合に分けて具体的に教えてください。

A 2-2

過電流保護協調と地絡保護協調の考え方については、高圧規程第2110-1条及び第2110-2条に定められています。詳細を以下にまとめました。

解説

高圧受電設備の保護方式からみた基本形態は、主遮断装置により「CB 形」及び「PF・S形」に大別されます。

①CB形

主遮断装置として高圧交流遮断器を用い、過電流継電器、地絡継電装置などとの組み合わせによって、過負荷、短絡、地絡及びその他事故時の保護を行うものです。

②PF・S形

この方式は、単純化・経済化を図った受電方式で、限流ヒューズと高圧交流負荷開閉器とを組み合わせて保護を行うものです。

○過電流保護協調

高圧規程第2110-1条では、保護協調に関する基本事項を次のように規定しています。

1. 高圧の機械器具及び電線を保護し、かつ、過電流による波及事故を防止するため、必要な箇所には、過電流遮断器を施設すること。
2. 主遮断装置は、一般送配電事業者の配電用変電所の過電流保護装置との動作協調を図ること。
3. 主遮断装置の動作時限整定に当たっては、一般送配電事業者の配電用変電所の過電流保護装置との動作協調を図るため、一般送配電事業者と協議すること。
4. 主遮断装置は、受電用変圧器二次側の過電流遮断器（配線用遮断器、ヒューズ）との動作協調を図ること。（推奨的事項として規定）

　このように高圧規程では、高圧需要家の主遮断装置より負荷側の短絡事故に対して、供給支障（波及）事故防止のため、一般送配電事業者の保護装置と高圧需要家の主遮断装置との間に保護協調を取る必要があることを定めています。

　保護協調の取り方としては、高圧受電設備では段階時限による選択遮断方式が用いられています。この保護方式は、図1に示すように、一般送配電事業者の電源から需要家の負荷に至るまでの間に設置されている保護装置の動作時間を負荷に近いほど短く設定することにより、事故回路だけを選択して遮断します。

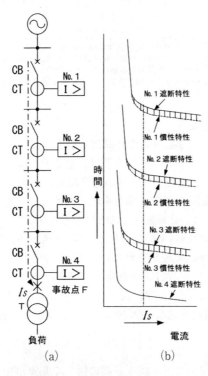

(a)　　　　　　　　　　(b)

図1　段階時限による選択遮断［高圧規程2120-1図］

① CB形高圧受電設備

　CB形主遮断装置の遮断動作時間は、OCRの動作時間と高圧遮断器（CB）の定格遮断時間で決まることになります。

　一般的には、一般送配電事業者の配電用変電所のOCRは短絡電流が0.2秒間流れると動作するように整定されています。（高圧規程 2120-5図参照）

このため、受電点に使用するOCRは、瞬時要素付のもの（短絡電流に対する動作時間は50ms以下となる）を使用し、高圧遮断器は、定格遮断時間が5サイクル（50Hzベースで100ms）以下のものを選定します。なお、受電点に施設するOCRの動作電流整定値は、表1に示すように、一般送配電事業者との契約電力に応じて決めることになっています。

表1　高圧受電設備の受電点過電流継電器整定例［高圧規程2120-7表］

動作要素の組合せ	動作電流整定値	動作時間整定値
限時要素 ＋ 瞬時要素	限時要素：受電電力（契約電力）の110%〜150%	電流整定値の2,000%入力時1秒以下
	瞬時要素：受電電力（契約電力）の500%〜1,500%	瞬時

〔備考1〕　一般送配電事業者の過電流継電器と動作協調の取れる値とする。なお、限時要素のみの過電流継電器を使用する場合の動作時間整定値については、上表に準ずるものとする。
〔備考2〕　変圧器の励磁突入電流や電動機の始動電流などで動作しないようにする。
〔備考3〕　特に変動の大きい負荷がある場合には、一般送配電事業者との協議によって動作電流整定値を決定するものとする。

② PF・S形高圧受電設備
　PF・S形主遮断装置の遮断動作時間は、電力ヒューズ（限流形）によって決まります。電力ヒューズの動作時間は、過電流継電器（OCR）のように調整することはできず、電力ヒューズの定格電流により決まることになります。よって、配電用変電所のOCRと協調を取るためには、電力ヒューズの定格電流をいくらにしたらよいか検討することになります。
　例えば、定格電流50A以下の電力ヒューズ（一般送配電事業者における配電用変電所のOCRが240Aに整定されている場合）を選定すれば、協調が取れることになります（高圧規程2120-5図参照）。配電用変電所のOCRの整定値にもよりますが、定格電流75A程度の電力ヒューズで通常は協調が取れますが、念のため当該系統配電用変電所のOCRの整定値を確認する必要があります。

○ 地絡保護協調
　高圧規程第2110-2条では、保護協調に関する基本事項を次のように規定しています。
　1．高圧電路に地絡を生じたとき、自動的に電路を遮断するため、必要な箇所に地絡遮断装置を施設すること。
　2．地絡遮断装置は、一般送配電事業者の配電用変電所の地絡保護装置との動作協調を図ること。
　3．地絡遮断装置の動作時限整定に当たっては、一般送配電事業者の配電用変電所の地絡保護装置との動作協調を図るため、一般送配電事業者と協議

すること。

4．地絡遮断装置から負荷側の高圧電路における対地静電容量が大きい場合は、地絡方向継電装置を使用すること。（推奨的事項として規定）

　　　ここでは、高圧需要家における地絡保護協調の要件、受電点の地絡保護装置の整定等について説明します。

1）地絡保護協調の要件

受電点の高圧地絡継電装置（零相変流器（ZCT）＋地絡継電器（GR））の場合について、次の要件を満たす必要があります。

①短絡保護の場合と同様、一般送配電事業者における配電用変電所の地絡保護装置と選択遮断協調を取り、構内地絡事故で一般送配電事業者の地絡保護装置を動作させないこと。

②受電点より電源側で発生した地絡事故（一般送配電事業者の配電線事故又は他の高圧需要家の地絡事故）で不必要動作しないこと。

2）受電点の高圧地絡保護装置の整定

図2は、高圧需要家内で地絡事故が発生したときの電流分布の概念を示しています。一般送配電事業者における配電用変電所の変圧器バンク（T）から引き出されるフィーダが2回線の例について説明します。

鳳−テブナンの定理により算出すると、F点での一線地絡電流I_gは配電用変電所の変圧器バンク（T）二次側高圧電路の全合成静電容量〔$C_t = 3$（$C_1 + C_2 + C_3$）〕に比例して流れます。また、配電用変電所の変圧器バンク（T）二次側地絡事故系統No.2フィーダの地絡方向継電器（DGR_2）の零相交流器（ZCT_2）に流れる零相電流I_{ZCT2}と高圧需要家の受電点の地絡継電器（GR）の零相変流器（ZCT_3）に流れる零相電流I_{ZCT3}との差は、No.2フィーダの高圧配電線路の対地静電容量（事故発生需要家分C_3を除く。）C_2に比例した電流分（I_{C2}）だけ少なくなります。

したがって、一般送配電事業者との協調をとるため、受電点の地絡保護装置の整定値I_nは、

$$I_n \leqq I_p \quad ただし I_p = 一般送配電事業者における配電用変電所の地絡保護装置の整定値$$

を満たし、かつ、その動作時間は配電用変電所の地絡保護装置より速いものとします。JIS C 4601「高圧地絡継電装置」では、こうしたことを折り込んで、動作特性を規定していますので、JISに準拠したものを使用し、一般に整定（タップ）値を$I_n = 200mA$とすれば協調が取れます。なお、受電点より負荷側の高圧ケーブルが長い等の場合は、1）②の不必要動作が起こり易くなるので、

その太さ・長さに応じて適正な整定植とします。$I_n = 400$mA以上とする場合は一般送配電事業者と協議をし、必要に応じて地絡方向継電装置（この場合はケーブル太さ・長さに関係なく、整定値$I_n = 200$mA）の採用を検討し、自構内事故だけを検出するようにします。

3) 一般送配電事業者における配電用変電所及び高圧需要家の地絡継電装置の整定例

　一般送配電事業者における配電用変電所との動作協調について、配電用変電所の地絡方向継電装置の動作時間は、接地形計器用変成器（EVT）のオープンデルタ電圧（V_Δ）がおよそ$V_\Delta = 30$Vのとき、

　　地絡過電圧継電器（OVGR）＋地絡方向継電器（DGR）

が誘導形で0.8秒以上、静止形で0.5秒以上となっています。

　これに対し、高圧自家用需要家では、次のようになります。

①CB形高圧受電設備

　CB形の場合は、高圧受電用地絡継電装置（GR）の動作時間は0.1 ～ 0.3秒程度で、遮断器（CB）動作時間（定格遮断時間）5サイクル（0.1秒）以下とすれば合計0.4秒以下になります。

②PF・S形高圧受電設備

　PF・S 形の場合は、高圧受電用地絡継電装置（GR）の動作時間に、高圧交流負荷開閉器（LBS）の動作時間0.15秒を加えて、合計約0.45秒になります。

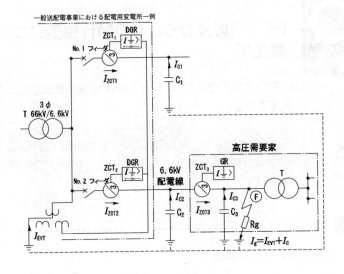

一般送配電事業における配電用変電所一例

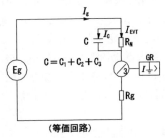

（等価回路）

図2　地絡事故時の電流分布

Q 2-3 PF・S形及びCB形の動作協調について教えて

PF・S形及びCB形における動作協調の基本原則について教えてください。

A 2-3 PF・S形とCB形の動作協調については、高圧規程第2120-2条第1項及び第2項に規定されています。詳細を以下にまとめました。

解説 ....

○ PF・S形における動作協調

PF・S形にあっては、配電用変電所の過電流継電器を限流ヒューズの動作協調を取れるように機器を選定、調整していくことが一般的ですが、配電用変電所側は上位系統からの制約で固定されてしまうこと、また、需要家の限流ヒューズは、変圧器の励磁突入電流特性等から最小定格電流値が制限されることから、逆に協調の可否をチェックすることになり、配電用変電所側との協調が取れない場合は、PF・S形の採用は不可となります。

○ CB形における動作協調

・受電用過電流継電器と低圧配線用遮断器の協調

この方式における動作協調は、〔配電用変電所の過電流継電器〕－〔(需要家受電端の過電流継電器)＋(遮断器)〕－〔同低圧側過電流遮断器〕の間で全域にわたって満足すればよいです。ここで①式は、次のように表すことができます。(詳細は、高圧規程2120-2条第2項参照)

$$k\,T_{RY2} > T_{MCCB} \cdots\cdots\cdots\cdots\cdots\cdots\cdots ①$$

k ：過電流継電器の慣性特性係数
T_{RY2} ：需要家過電流継電器の動作時間 (s)
T_{MCCB}：需要家低圧側配線用遮断器 (又は低圧ヒューズ) の遮断時間 (s)

・配電用変電所過電流継電器と受電用過電流継電器の協調

各過電流継電器と遮断器の50Hzベースにおける定限時領域の動作時間は、次のようになります。

・配電用変電所の過電流継電器動作時間……200ms (10サイクル)

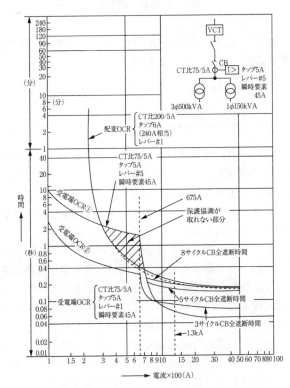

・配電用変電所の過電流継電器慣性特性からの時間……180ms（慣性係数0.9
　として）
・高圧需要家の過電流継電器瞬時要素の動作時間……20〜50ms
・高圧需要家の遮断器の遮断時間
　　　8サイクル遮断器の場合……160ms
　　　5サイクル遮断器の場合……100ms
　　　3サイクル遮断器の場合…… 60ms

　このように、需要家側で8サイクル遮断器を使用すると需要家側の全遮断時
間は180〜210ms（20〜50＋160ms）となり、配電用変電所の過電流継電器の
慣性特性以上となり、配電用変電所の遮断器も動作し、波及事故となります。

　したがって、CB形において需要家の遮断器は5サイクル以下の遮断器の使
用を原則としています。

図1　CB形の動作協調例［高圧規程2120-15図］

単相変圧器、三相変圧器を一括して限流ヒューズで保護する場合について教えて

図1のようなPF・S形による主遮断装置を施設する場合において、単相変圧器、三相変圧器を一括して一本の限流ヒューズで保護する場合の適用例についてどのように記載されていますか。

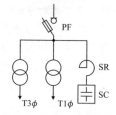

図1　変圧器の施設例

A
2-4

高圧規程第2120-2条第1項 2120-6表の中で記載されていますので、下記に紹介します。

解説

　一般的に電力ヒューズの定格電流［A］の決定において、単相変圧器と三相変圧器の組合せから受電用として設ける電力ヒューズ（PF）の定格電流［A］を求めるには、煩雑な計算を要するため、表1のような製造者が作成した簡易な選定表によればよいと考えます。よって、実用上は表1のような電力ヒューズの選定表を製造者から取り寄せ、これによって選定することになります。

　なお、質問で示した図1のような容量の異なった多くの変圧器のある設備を限流ヒューズで一括して保護する場合、一般に、変圧器は定格電流の25倍の電流に2秒間耐えられるような短絡強度を持っていますので、これを考慮して限流ヒューズを選定する必要があります。比較的小さい容量の変圧器では二次側直下で生じた短絡でも、変圧器一次側電流は小さくなります。このような場合には受電限流ヒューズの遮断時間が長くなったり、又は小電流遮断不能領域に入ったりすることで、変圧器を焼損するおそれがあります。このような場合には変圧器個別にも限流ヒューズを設置する必要があります。一つの変圧器事故が全停電事故につながるため、できるだけ変圧器バンクごとに限流ヒューズをつけた方がよいと考えます。

表1 6.6kV〔単相変圧器〕+〔三相変圧器〕一括用限流ヒューズの適用例
〔高圧規程2120-6表〕

動力用変圧器 三相 ＼ 電灯用変圧器 単相	0 kVA	5 kVA	10 kVA	15 kVA	20 kVA	30 kVA	50 kVA	75 kVA	100 kVA
0 kVA		○	○	○	○	○	○	○	○
5 kVA	G5（T1.5）A								
10 kVA	○								
15 kVA	○	G10（T3）A							
20 kVA	○								
30 kVA	○		G20（T7.5）A		○	○			G40（T20）
50 kVA	○				○				
75 kVA	○			G30（T15）A		○	○	○	
100 kVA	○					○	G40 ○（T20）A	○	○
150 kVA	○			G40（T20）A				○	○
200 kVA	○							○	○
250 kVA	○					G50（T30）A		○	○
300 kVA	○						G60（T40）A	○	G75 ○（T50）

〔備考1〕 この表は、限流ヒューズ選定の一例であり、実務上は製造業者のカタログ等によること。

〔備考2〕 変圧器の励磁突入電流は、三相、単相それぞれの変圧器定格電流和の10倍0.1秒として選定した。

〔備考3〕 ○印部は変圧器二次側直下短絡時の過電流（変圧器定格電流×25倍）で2秒以内に遮断することを示す。
○印のないものは、小容量側の変圧器二次側直下短絡時に変圧器が破損することがある。
個別に変圧器を保護したい場合には、高圧規程第2120－4条第1項（変圧器の保護）を参照のこと。

〔備考4〕 力率改善用進相コンデンサが、変圧器と並列に使用される場合は、コンデンサ容量（定格電流）が変圧器容量（定格電流の合計）の1／3以下であれば、コンデンサ容量を無視して上表の値が適用できる。また、6％リアクトル付きとして選定した。

〔備考5〕※この表ではコンデンサの破損を防止できない場合がある。コンデンサの破損防止をするためには、NHコンデンサの場合は、製造業者のカタログ等により個別に限流ヒューズを取り付けるか、SHコンデンサの場合は、保安装置が内蔵されたコンデンサの採用、又はコンデンサ付属の保護接点の使用により電路から切り離すことができる適当な装置を施設することが必要で、詳細は高圧規程第2120－4条第2項（高圧進相コンデンサの保護）を参照のこと。
※〔備考5〕のみ、NHコンデンサの場合とSHコンデンサの場合の詳細を追記しています。

Q 2-5 配電用変電所のCTの整定値について教えて

配電用変電所に施設している変流器（CT）の変流比200/5A、過電流継電器（OCR）でタップ値6A、タイムレバー値#1とありますが、どこの変電所でも同じなのでしょうか。場所によって違う場合は、一般送配電事業者に照会した方がよいのでしょうか。

A 2-5

配電用変電所に施設している過電流継電器の動作時間を左右する変流器の変流比、過電流継電器のタップ値とタイムレバー値は、各一般送配電事業者のシビアサイドの参考例として、変流比200/5A、タップ値6A（240A相当）、タイムレバー値 #1をとっています。

配電用変電所の設定値は、一般送配電事業者により異なるため、一般送配電事業者への照会が必要になります。

解説

図1、図2では、CTの変流比200/5A、OCRでのタップ値6A（240A相当）、タイムレバー値 #1とされていますが、これは代表的な一例です。

高圧規程では、OCRは誘導形を例に説明しておりますが、最近は静止形も多く普及しており、タップ値、タイムレバー値の整定も変電所により相異することがあります。したがって、厳密に保護協調を検討する際は、一般送配電事業者にこれらについて照会することが必要です。

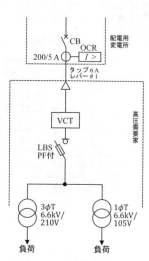

図1　高圧引込例［高圧規程2120-3図をもとに一部編集］

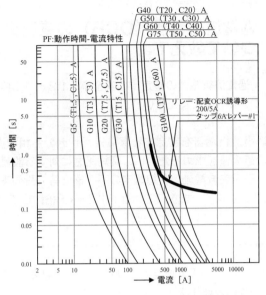

(a) 誘導形過電流継電器との協調検討例

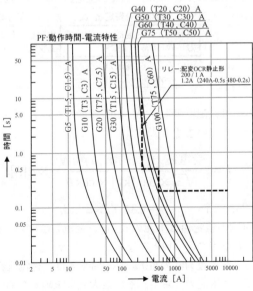

(b) 静止形過電流継電器との協調検討例

**図2 配電用変電所の過電流継電器と主遮断装置（限流ヒューズ）との
動作協調検討例 ［高圧規程2120-5図］**

過電流継電器（OCR）の電流タップ値について教えて

Q 2-6

過電流継電器の整定時の安全率を1.2 ～ 1.5倍とする理由について教えてください。

A 2-6

過電流継電器を整定する際に定常状態で各相電流のうちで、その最大値を求めるために、契約電力に対する設備容量の圧縮率、三相交流電流の各線電流の不平衡度等の設備実態を勘案して設定する係数とされていますので、αを1.2～1.5倍にしています。

解説 ・・・

高圧規程では、表1より「限時要素の動作電流における整定値は受電電力（契約電力）の110%～150%」とされています。

表1 高圧受電設備の受電点過電流継電器整定例 [高圧規程2120-7表]

動作要素の組合せ	動作電流整定値	動作時間整定値
限時要素 + 瞬時要素	限時要素：受電電力（契約電力）の110% ～ 150%	電流整定値の2,000%入力時1秒以下
	瞬時要素：受電電力（契約電力）の500% ～ 1,500%	瞬時

また、従来から一般送配電事業者では限時要素の整定値I [A] は次式による方法も現場では行われています。

$$I = \frac{受電電力（契約電力）[kW]}{\sqrt{3} \times 6.6\,[kV] \times \cos\theta} \times \alpha\,[A]$$

ただし、$\alpha = 1.25 \sim 1.75$　$\cos\theta = 0.8$を基本とします。

なお、実際のOCRの整定値は上記の式Iに、変流器CTの変流比を乗じて求め、その直近上位の電流タップ値とします。

これら受電電力（契約電力）の110%～150%やαは、過電流継電器を整定する際に定常状態で各相電流のうちで、その最大値を求めるために、契約電力に対する設備容量の圧縮率、三相交流電流の各線電流の不平衡度等の設備実態を勘案して設定する係数と考えられます。

Q 2-7 高圧進相コンデンサの保護装置について教えて

高圧進相コンデンサの保護装置として、一般に高圧限流ヒューズ（PF）が多く使用されていますが、遮断器（CB）では保護できないのでしょうか。その理由を教えてください。

A 2-7 高圧進相コンデンサの保護については、高圧規程第2120-4条第2項に規定されています。進相コンデンサの保護はコンデンサの素子種別（NH、SH）により、保護の形式が異なります。

解説

進相コンデンサは素子種別の異なる2種類のコンデンサ（はく電極コンデンサ（NH）と蒸着電極コンデンサ（SH））があり、保護の方式はコンデンサの素子種別（NH、SH）により異なります。表1にコンデンサの素子種別について、表2にコンデンサの絶縁破壊現象と保護について記載しています。

高圧規程第2120-4条第2項では、高圧進相コンデンサ（はく電極コンデンサ（NH））の損傷による二次災害を防止するには、高圧限流ヒューズを設置するのがよい旨記述されています。 また、蒸着電極コンデンサ（SH）の保護については、保安装置が内蔵されたコンデンサの採用、又はコンデンサ付属の保護接点の使用により電路から切り離すことができる適当な装置を施設することが記述されています。

表1　高圧進相コンデンサの素子種別について　［高圧規程資料1-1-8、1表］

素子種別	はく電極コンデンサ（NH コンデンサ）	蒸着電極コンデンサ（SH コンデンサ）
定義	金属はくを電極としたコンデンサ。このコンデンサは、誘電体の一部が絶縁破壊するとその機能を失い、自己回復することはない。	蒸着金属を電極として、自己回復することができるコンデンサ。
構造図	アルミ箔（電極）／フィルム（誘電体） 断面図： アルミ箔（電極）→フィルム（誘電体）／アルミ箔（電極）	無蒸着部／金属蒸着膜／メタリコン／無蒸着部／フィルム（誘電体） 断面図： 両面金属化紙→フィルム（誘電体）／両面金属化紙

自己回復（Self Healing）とは、誘電体（フィルム）の一部が絶縁破壊した場合、破壊点に隣接する電極の微小面積が消滅することによって、瞬間的にコンデンサとしての機能を復元すること。
自己回復する蒸着電極コンデンサを**SH**（Self Healing）**コンデンサ**、自己回復しないはく電極コンデンサを**NH**（Non-self Healing）**コンデンサ**と称する。

表2　素子種別による絶縁破壊時の現象と保護について

	はく電極コンデンサ（NH）	蒸着電極コンデンサ（SH）
絶縁破壊時の現象	誘電体が絶縁破壊すると、素子は短絡状態になる。直列接続された素子が過電圧になり次々に破壊短絡して完全短絡に至る。完全短絡時には非常に大きな短絡電流が流れ、短絡電流がコンデンサケース内に流入することによって、内部で瞬間、爆発的に多量のガスが発生し、容器の変形、き裂が生じ、噴油爆発に至る場合がある。	誘電体が絶縁破壊しても自己回復により絶縁回復し運転継続する。自己回復を繰り返し運転していくが、自己回復時には少量であるが絶縁油及び絶縁材料の分解ガスが発生し蓄積されていく。ケース内圧は徐々に上昇していくが、短絡することはなく電流の増加もない。しかし、このまま放置されると、最終的にはケース破壊、噴油爆発に至る場合がある。
保護	主回路における過電流継電器保護方式では、コンデンサの初期事故電流は検出し難く、かつ、短絡時においても動作検出時間から保護協調を取るのは難しい。したがって、コンデンサの損傷による二次災害を防止するには限流ヒューズを使用するのがよい。なお、初期事故検出の為の保護接点（ケース膨れ検出、圧力スイッチなど）を使用する場合も、限流ヒューズの併用が望ましい。	ケースの変形力や内部圧力上昇によって動作させる保護方式が必要になる。したがって、蒸着電極コンデンサ（SH）では、自己回復によって徐々に上昇する内部圧力を利用して動作する保安装置内蔵コンデンサを採用するか、同じように内部圧力上昇にともない動作する圧力スイッチやケース膨れを検出して動作する接点、すなわち保護接点を使って、接点動作時に上位の遮断器または開閉器でコンデンサを開放する保護方式の適用が必要になる。なお、はく電極コンデンサ（NH）で使用される限流ヒューズではコンデンサの保護はできない。

　高圧進相コンデンサ（NHコンデンサ）の定格容量が中容量（75kvar〜100kvar）及び大容量（150kvar〜300kvar）のものでは、遮断器（CB）の定格電流を適正に選定しても保護できない領域（CBが遮断する前にケースが破壊する領域）が発生することがあります。これをカバーするために限流ヒューズ（PF）が使用されます。

　CBで保護する場合とPFで保護する場合を比較すると図2に示すとおり、CBの遮断時間は、瞬時要素付きOCR動作時間（2サイクル程度）＋CB遮断時間（3サイクル程度）、すなわち5サイクル程度であるのに対し、PFの遮断時間は、4分の1サイクル程度になり、PFの遮断時間は、CBの遮断時間の20分の1程度です。

　このようにPFは、遮断時間が短いため高圧進相コンデンサ（NHコンデンサ）内部極間の絶縁破壊から生ずるアークエネルギーによるガスの蓄積が少ない初期段階で電源が遮断され、高圧進相コンデンサ容器の容器・ブッシングが破壊せずに済むものと考えられています。

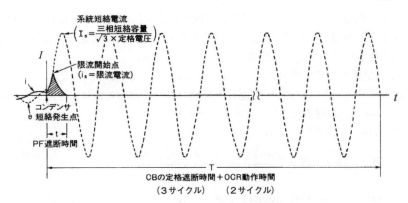

図2　高圧進相コンデンサ（NHコンデンサ）短絡時の限流ヒューズによる遮断と遮断器による遮断との比較例

Q 2-8 変流器（CT）の過電流定数の求め方について教えて

高圧受電設備に組み込まれている変流器（CT：Current Transformer）の定格過電流定数が適正なものであるかを確認するにはどうすればよいですか。

A 2-8 高圧受電設備用の変流器CTの定格過電流定数の選定については、高圧規程のP.173にあるように「過電流継電器の瞬時要素における整定値が、変流器CTの定格過電流定数の許容範囲以内」にあるか確認をする必要があります。

解説

高圧電路の短絡事故などに、CTの一次側には定格電流を超える大電流が流れますが、継電器用のCTは過電流領域の電流を正確に二次電流に変換して、過電流継電器（OCR）を動作させる必要があります。

CTの定格過電流定数（$n>$）とは平易にいえば、CT定格一次電流の定格過電流定数倍（n倍）までの一次過電流に対し、二次出力電流は、その90％程度（すなわち10％程度の低下）になるという意味です。

すなわち、図1の①式から

$$比誤差 \varepsilon \times 100 = \frac{公称変流比A - 真の変流比B}{真の変流比B} \times 100 \rightarrow \varepsilon = \frac{A - B}{B}$$

$$\varepsilon B = A - B \rightarrow A = B + \varepsilon B = B(1 + \varepsilon)$$

よって、二次出力電流が10％程度低下すると、公称変流比Aは、

$$A = B(1 - 0.1) = B \times 0.9$$

となります。

$n>10$ であれば、定格電流の10倍の電流が流れた時に二次電流が-10%以内となり、40/5 A（n>10）では一次電流が5倍の200Aであれば二次電流は5×5＝25A、10倍の400A時は5×10×0.9＝45Aとなります。

したがって、瞬時要素を45Aで設定する場合はそのまま使用できますが、50A以上で設定する場合には、$n>10$ を使用する場合は定格負担と使用負担の確認が必要になります。

　ここで、〔過電流定数〕×〔負担〕≒〔一定〕であり、使用負担が定格負担の1/2であればnは2倍になるので、定格負担と使用負担を確認し、不足する場合は過電流定数の大きなCT、又は定格負担の大きいCTを選択する必要があります。

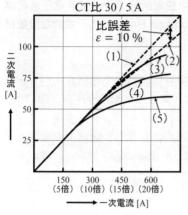

CT比 30 / 5 A

（1）：比誤差0%
（2）：比誤差10%
（3）：$n>20$の変流器の実測値
（4）：$n>15$の変流器の実測値
（5）：$n>10$の変流器の実測値

$$比誤差\ \varepsilon = \frac{（公称変流比 - 真の変流比）}{真の変流比} \times 100\,[\%] \cdots ①$$

図1　変流器の過電流特性〔高圧規程2120-16図〕

Q 2-9 地絡過電圧継電器（OVGR）の設置目的について教えて

一般送配電事業者の配電用変電所等での地絡過電圧継電器（OVGR：Ground Over Voltage Relay）の一般的な設置目的について、教えてください。

A 2-9 図1のとおり、一般送配電事業者の配電用変電所から引き出される高圧配電線で地絡が生じ、接地形計器用変圧器（EVT：Earthed Voltage Transformer）のオープンデルタ側の二次側端子電圧が一定以上になった場合にOVGRは動作し、地絡方向継電器（DGR）との組み合わせにより地絡を生じた配電線のみを選択し、遮断させることを目的に設置されます。

解説

図1「配電用変電所地絡保護方式例」の左下に示されているように、地絡過電圧継電器（OVGR）は一般送配電事業者の配電用変電所や自家用特別高圧変電設備の高圧側に設置されています。

すなわち、図1において、地絡発生時に、EVTのオープンデルタ部に挿入されている抵抗rの両端に零相電圧が発生し、零相電圧がOVGRの設定値以上になると各配電線のDGRの電圧要素がON になります。また、配電線のDGRは零相変流器（ZCT）により零相電流を検出し、その大きさと位相（零相電圧を基準にして、地絡した配電線では零相電流は電源から大地の方向（左から右（→）順方向とする）に、その他の配電線では零相電流は大地から電源の方向（右から左（←））逆方向とする）を判別し、地絡電流と位相角とが一定の範囲（零相電流が順方向）のときに動作します。

したがって、地絡が生じてOVGR とDGR双方の接点が閉じ、地絡が発生した配電線のみを選択して遮断器が動作する仕組みになっています。図1の例では、配電線Dで地絡が生じているのでOVGRと最下段のDGR双方の接点が閉じて、最下段のCBの引き外しコイル（TC：Trip Coil）に操作用電流が流れ、配電線Dの遮断器が動作します。

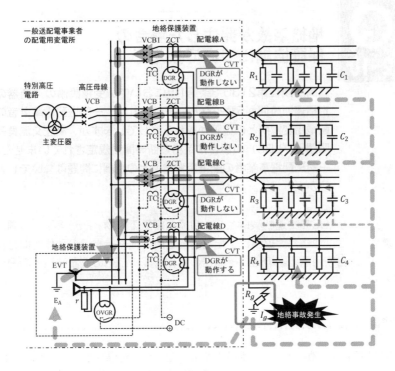

〔備考〕図記号の名称

CB	:	遮断器
TC	:	トリップコイル
DGR	:	地絡方向継電器
OVGR	:	地絡過電圧継電器
ZCT	:	零相変流器
EVT	:	接地形計器用変圧器
r	:	制限抵抗
C	:	配電線の静電容量
R_g	:	地絡点抵抗
I_g	:	地絡電流
$R_1, R_2 \cdots R_n$	:	一相の対地漏えい抵抗
$C_1, C_2 \cdots C_n$	:	一相の対地静電容量

図1　配電用変電所地絡保護方式例〔高圧規程2130-1図〕

Q 2-10 地絡事故が発生した場合の保護協調について教えて

高圧規程第2130-3条第1項において、受電設備の遮断器の定格遮断時間が5サイクル以下にすれば、一般送配電事業者の配電用変電所との協調が取れるとしていますが、高圧交流負荷開閉器（LBS）の場合は定格遮断時間が規定されていません。一般送配電事業者の配電用変電所との協調に問題はないでしょうか。

A 2-10

LBSを主遮断装置とした自家用電気工作物（PF・S形）の場合、地絡保護協調は、配電用変電所の地絡継電器の動作時間と自家用需要家の地絡継電器の動作時間＋LBSの遮断時間との関係を検討します。

解説

配電用変電所の地絡継電器の動作時間は、図1から誘導形の場合、V_Δが30V程度のとき、ZCT一次電流I_gが数［A］程度の場合、0.8秒程度であり、静止形の場合でも0.5秒程度となります。これに対して、自家用需要家の地絡継電器の動作時間は図2から定時限領域で、0.3秒程度です。これにLBSの遮断時間はJIS C 4607（2023）の5.6「引外し」において「負荷開閉器本体の開極時間は、0.15 秒以内とする」と規定されており、LBSではこれを合わせても0.45秒程度となることから、動作協調上問題はないと考えられます。

また、GR付PASやUGSなど過電流ロック機能（SOGなど）が付いた開閉器では、負荷開閉器に零相電流が流れ始めてから負荷開閉器本体の全接触子が開離するまでの時間を表1のように定めています。

このことから、GR付PASやUGSなど過電流ロック機能が付いた開閉器も動作協調上問題はないと考えられます。

表1　零相電流値に対する動作時間の関係 ［JIS C 4607：2023、表5］

零相電流値	0.2秒整定時の動作時間
整定電流値×0.8	不動作
整定電流値×1.3	0.4秒以内
整定電流値×4.0	0.3秒以内

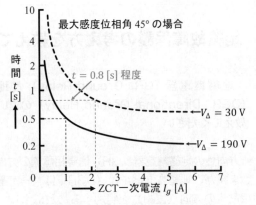

図1 配変GR動作時間－電流特性の例 ［高圧規程2130-13図］

※動作時間は、電流のほかに電圧と、位相角が関連するため助変数が二つになります。図1は、電圧 $V_\Delta=190\text{V}$ と $V_\Delta=30\text{V}$ で最大感度位相角進み45°のリレーの動作時間の一例です。例えば、$V_\Delta=190\text{V}$ のとき、$I_g=1\text{A}$ であると、おおむね0.5秒程度で動作することが分かります。

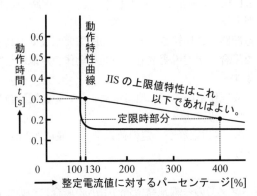

図2 高圧受電用地絡継電装置の動作時間－電流特性 ［高圧規程2130-14図］

※図2より、動作時限は、JIS C 4601（1993）の5.2動作時間特性で「整定電流値の130%で0.1～0.3秒、400%で0.1～0.2秒」となっています。この数値から考えると反限時特性のようにもみえますが、実際は図2のように、反限時部分はごくわずかでほとんど定限時特性といってもよいくらいです。0.1～0.3秒という時間は、配電用変電所の地絡保護継電器の動作時間との協調を考えて決められたものです。

地絡故障保護の考え方を教えて

地絡継電器（GR：Ground Relay）と地絡方向継電器（DGR：Directional Ground Relay）の違いや役割について教えてください。

A 2-11
　　無方向性の地絡継電器（GR）は零相電流の方向に無関係に動作しますが、地絡方向継電器（DGR）は、一定基準電圧に対し零相電流の方向（位相）を判別することにより、正動作と不必要動作（通称、もらい動作）とを区別する機能があります（図1参照）。
　下記に、GRとDGRの選定の関係をまとめました。

解説

　GR及びDGRは高圧電路に地絡事故が生じたときに、電路から地絡事故点を切り離すために設置します。

　非接地式高圧配電線路及び接続されている高圧需要家設備の高圧電路で一線地絡事故が発生した場合、配電用変電所のバンク全体の対地静電容量を経由して地絡電流が流れます。

　この地絡電流を「高圧側電路の一線地絡電流」といい、電路の対地静電容量により2A程度から20A程度の値となります。

　高圧需要家のGRは、零相電流が一定の値以上（一般に200mA）のレベルになったとき動作します。

【例】

　当該高圧配電線バンクでの一線地絡電流が10Aの場合について図1により説明します。

　A需要家での地絡事故の際にA需要家の零相変流器には10Aの地絡電流が流れ、GRが動作します。これを「正動作」といいます。

　一方、A需要家以外で地絡が発生した時、図1ではB需要家での地絡事故の時にはB需要家の零相変流器には10Aの一線地絡電流が流れ、一線地絡電流はバンク全体の静電容量を介して電源に還流します。

　A需要家のケーブルが長い等の対地静電容量（C_a）が大きい場合は、A需要家の高圧配線から電源方向に向かう電流がA需要家の零相変流器に流れ、この電流が一定以上になるとGRが動作します。これを「不必要動作」（通称「もら

い動作」）といい、A需要家の地絡事故でないにも関わらずに動作するので「不必要動作」をしないDGRを採用します。

DGRは、地絡電流の位相判別により、零相電流が負荷側方向の時には動作し、電源側方向の時は動作しない機能を有しています。DGRは位相判別のための基準入力装置（ZPD）と零相電流検出のための零相変流器（ZCT）が使われています。

DGRの位相判別はQ2-12に掲載しています。

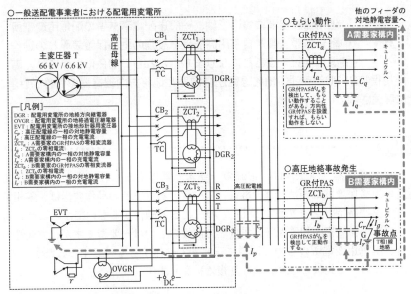

図1　高圧配電系統での高圧地絡継電装置（GR付PAS）の正動作と不必要動作のメカニズム概念図（例）

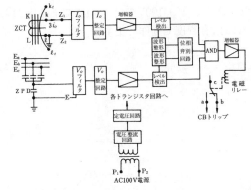

図2　地絡方向継電装置動作原理ブロックダイヤグラム［高圧規程2130-16図］

155

Q 2-12 地絡保護協調の考え方を教えて

地絡保護協調のときの考え方の大きな違いについては、方向性、非方向性が入っている場合、対地静電容量が重要になりますが、地絡保護協調曲線について教えてください。

A 2-12　地絡保護協調については、一般送配電事業者の配電用変電所の地絡保護装置と自家用高圧受電設備の地絡保護装置との動作協調を検討することになります。これらの関係については、高圧規程第2130-2条「⑤地絡過電圧継電器と地絡方向継電器の動作特性」に詳述されています。

解説

　過電流継電器（OCR）は、電流の一要素で動作するものですが、配電用変電所の地絡保護継電器は、電力継電器の一種であり、その動作要素は、零相電圧 V_0、零相電流 I_0 とその間の位相 θ の三要素で動作するものです。これに対し、自家用需要家の地絡保護装置は無方向性のものは一要素ですが、方向性の場合、配電用変電所のものと同様に三要素で動作するものです。したがって、三次元に対する比較となり、かなり複雑になります。

（1）一般送配電事業者における配電用変電所のOVGR＋DGRの場合

　地絡保護装置について、図1に最大感度位相角45°の場合の動作時間－電流特性の例が示されており、V_Δ=190Vの時 I_g＝1Aであるとおおむね0.5秒、V_Δ=30Vの時はおおむね1.7秒程度で動作します。

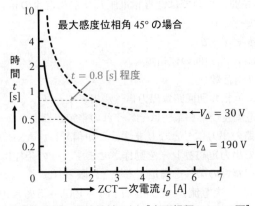

図1　動作時間－電流特性の例［高圧規程2130-13図］

(2) 自家用需要家DGRによる地絡保護

　図2に自家用需要家の高圧受電用地絡保護装置の動作時間－電流特性の例が示されており、これらを一つに表せば地絡保護協調曲線になります。

　このように、自家用需要家の地絡保護装置では図2から反時限部分はごくわずかでほとんどは定時限特性であり、動作時間は、0.1～0.3秒でこれに遮断器の動作時間0.06～0.1秒加えて0.4秒程度となり、このことから協調が取れることが分かります。

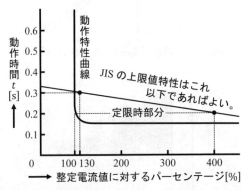

図2　高圧受電用地絡継電装置の動作時間－電流特性［高圧規程2130-14図］

DGRの位相弁別については、零相電圧及び零相電流の相互間の位相比較が位相弁別回路で行われ、

$$a + \theta \geqq \phi \geqq a - \theta$$

ϕ：$V_0 I_0$間の位相角

a、θ：常数

の場合にのみに位相弁別回路は出力信号が出ます。

一方、零相電流及び零相電圧はそれぞれの整定値以上となった場合、各々のレベル検出回路の出力信号となります。この信号は、AND回路を出て増幅された出力信号で出力電磁リレーを動作させます。その条件は、図3、図4の位相特性及びV－I特性の条件を満足する場合に限られます。

一般に、ZCT 一次電流$I_n = 200\text{mA}$、$V_\Delta \fallingdotseq 190\text{V} \times 5\% = 10\text{V}$、$a \fallingdotseq 45°$、$\theta \fallingdotseq 90°$のものが使われています。

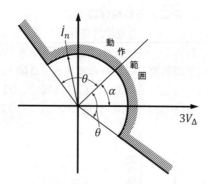

図3　位相特性　［高圧規程2130-17図］

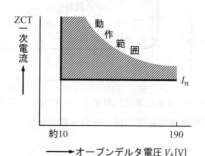

図4　電圧―電流特性　［高圧規程2130-18図］

Q 2-13 絶縁協調に関する基本事項について教えて

高圧受電設備での絶縁協調の考え方についてその概念を説明してください。また、地中電線路から供給される受電設備の場合は、避雷器の設置義務はないのでしょうか。

A 2-13

絶縁協調とは、電力系統で発生する各種の異常電圧に対して、線路や機器の絶縁強度と避雷器の保護ギャップ等の制限電圧等の保護レベルとの協調を図ることにより、系統全体の絶縁を技術的にも経済的にも合理的に行うことを指しています。避雷器の設置義務については、高圧規程第2210-1条第1項で規定されていますので、詳細を下記にまとめました。

解説

○絶縁協調の考え方

電技解釈第37条では、高圧架空電線路から電気の供給を受ける受電電力が500kW以上の需要場所の引込口に避雷器の施設について規定されていますが、高圧規程では、設備容量ではなく、雷害の恐れのある場所に設置することとし、高圧規程第2220-1条第1項では、「高圧受電設備における絶縁協調とは、雷サージ（誘導雷）に対し、設備を構成する機器の絶縁強度に見合った制限電圧の避雷器を施設することにより絶縁破壊を防止すること」と規定されています。また、高圧規程第2210-1条第2項〔注〕では機器に対する保護効果を十分に発揮させるために「A種接地工事を施し、10Ωよりさらに低い接地抵抗値にするとともに、接地線を太く、短くする等、接地線を含めたサージインピーダンスを低くすることが望ましい」と記載されています。

なお、避雷器の接地工事に関しては、高圧規程第2220-5条で避雷器の接地工事について、規定しています。

機器の選定にあたっては、保護対象となる機器・材料の絶縁レベルは、避雷器による雷サージ抑制効果を上回るものを採用します。

雷サージが侵入し避雷器が動作した場合、避雷器設置点の対地電位は次式により求められ、放電電流が大地に流れることにより雷サージが低減され、避雷器設置点以降の電路に加わるサージ電圧は V_t 以下となります。このため、高圧受電設備として施設される機器には V_t 以上のサージ電圧が加わることはな

くなり、V_t が表1の高圧機器の雷インパルス耐電圧以下であれば電路の絶縁協調が保たれることになります。

避雷器の制限電圧 V_t は、①式より、$(E_a) + R_a \cdot I_g$ となり、放電電流が1,000A、接地抵抗が10Ωの時、V_t は33kV + 10kV=43kVとなります。

$$V_t = E_a + R_a \cdot I_g \cdots\cdots ①$$

V_t ： 対地電位
E_a ： 制限電圧
R_a ： 接地抵抗値
I_g ： 放電電流

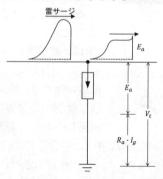

図1　避雷器による雷サージ抑制効果
[高圧規程2220-1図をもとに一部編集]

表1　高圧機器の雷インパルス耐電圧と避雷器の制限電圧［高圧規程2220-3表］

機　器	雷インパルス耐電圧 (kV)	2,500A避雷器の制限電圧 (kV)
地絡継電装置付高圧交流負荷開閉器 （区分開閉器）	60	33
高圧ピンがいし	65	
耐塩用高圧ピンがいし	85	
高圧中実がいし	100	
高圧耐張がいし	75	
耐塩用高圧耐張がいし	90	
断　路　器	60	
遮　断　器	60	
負荷開閉器	60	
計器用変圧器	60	
計器用変流器	60	
変　圧　器	60	
電力ヒューズ	60	

○地中電線路から供給を受ける需要場所の避雷器の設置義務

地中電線路から供給を受ける需要場所には、電技解釈及び高圧規程とも避雷器の設置を義務付けていません。しかし、地中電線路により需要場所に引き込んだ場合であっても、構内を架空電線路で施設し、受電設備に引き込むような場合は、雷サージの侵入を受けるおそれが生じるため、避雷器を施設する必要があります。

第 3 章

高調波対策及び
発電設備等の
系統連系に関するQ&A

高調波流出電流の上限値に用いる 「契約電力相当値」について教えて

高調波流出電流の上限値に用いる「契約電力相当値」について、契約受電設備による場合と契約負荷設備の総容量による場合の算出方法について教えてください。

A 3-1　　高調波流出電流の上限値を算出するため、「契約電力相当値1kW当たりの次数毎の高調波流出電流の上限値［mA/kW］」に乗じる値で、500kW以上の場合は協議による契約電力、500kW未満の場合は契約設備電力の算出方法に基づく契約設備電力を「契約電力相当値」としています。

解説 ....

1．契約電力が500kW以上の場合

1年間の予想最大需要電力に基づく電力会社との協議値を「契約電力相当値」とします。

2．契約電力が500kW未満の場合

電力会社との実量制[※1]による契約電力ではなく、次のいずれかにより算出します。

（1）契約受電設備による算出

受電設備の総容量と受電電圧と同位の電圧で使用する負荷設備の総入力の合計に、次の係数を乗じて得た値を「契約電力相当値」とします。

表1　契約電力相当値

受電設備容量＋同電圧負荷の合計	係数
最初の50kWにつき	80%
次の50kWにつき	70%
次の200kWにつき	60%
次の300kWにつき	50%
600kWを超える部分につき	40%

※ 受電設備の総容量については、1VAを1Wと見なす。

(2) 契約負荷設備の総容量による算出の場合

　　負荷設備のうち、最大の入力のものから最初の2台は、100%、次の2台は95%、5台目以降90%を乗じた値の合計のうち、最初の6kWにつき100%、次の14kWにつき90%、次の30kWにつき80%、次の100kWにつき70%、次の150kWにつき60%、次の200kWにつき50%、500kWを超える部分につき30%を乗じた値を「契約電力相当値」とします。

【設備容量が800kVAの場合の契約電力相当値の算出例】
$50 \times 0.8 + 50 \times 0.7 + 200 \times 0.6 + 300 \times 0.5 + 200 \times 0.4 = 425\text{kW}$
設備容量800kVAの契約電力相当値は、425kWとなります。

3. 自家用発電機を有する場合

　自家用発電機を有する需要家の場合、「自家用発電機を有しない需要家」と比べて「契約電力相当値」が下がり、上限値が厳しくなることから1及び2によらず、電力会社との協議により「契約電力相当値」を決定します。

　※1「実量制」とは、500kW未満の契約電力の需要設備について、当月を含む過去1年間の最大需要電力（各日における30分間の最大需要電力48回のうちの最大値）で、設備の増減がない場合でも稼働状況により契約電力が増減する契約方式をいいます。

Q 3-2 高調波対策に関する基本事項について教えて

高調波とは何か教えて下さい。また、高調波対策の具体的な内容と周期性のあるひずみ波交流との関係について教えてください。

A 3-2 高調波に関する基本的事項は、高圧規程第3編第1章及び第2章で規定されています。以下に高調波に関する基本的事項をまとめました。

解説 ••

○高調波とは？

高圧規程第3120-1条第1項より、高調波とは、基本波（商用周波数50Hz又は60Hz）に対して、2倍以上の整数倍の周波数をもつ正弦波であり、また、ひずみ波とは、正弦波でない波形をいいます。基本波、第5次高調波、ひずみ波の関係を図1に示します。電力系統で観測されるひずみ波は、基本波と第5次高調波などの高調波が合成されたものです。

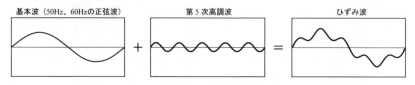

基本波（50Hz、60Hzの正弦波）　＋　第5次高調波　＝　ひずみ波

図1　第5次高調波を含む波形

これは、近年のパワーエレクトロニクス技術の発達により、高調波発生機器の使用が増加しているためです。

高調波発生機器から流出した高調波電流が図2に示すように配電系統へ流出し、配電系統の電圧波形をひずませることにより引き起こされる高調波障害が顕在化しています。高次の高調波電流になるほど、次数に比例したインダクタンスに起因する電圧変動が大きくなり、高調波電流を多く含んだ程度に応じて電圧ひずみが大きくなります。高調波は、リアクトル、コンデンサ、電動機等の電力機器の過熱、焼損、寿命低下といった問題や制御機器、計測器等の誤動作等の原因となります（表1）。

表1　高調波が機器や電気設備に与える障害例〔高圧規程3120-3表〕

発生箇所	障害の状況	障害による影響
コンデンサ用リアクトル	過負荷、過熱、異常音、振動	絶縁劣化、寿命短縮
電力用コンデンサ（リアクトル付き、リアクトルなし）	過負荷、過熱、異常音、振動	絶縁劣化、寿命短縮
電動機	過負荷、過熱、異常音、振動	絶縁劣化、寿命短縮
三相4線式中性線	過熱	絶縁劣化、寿命短縮
配線用遮断器、漏電遮断器、漏電リレー	誤動作	不要な停電
ヒューズ、ブレーカ	過熱、誤動作	溶断
過電流継電器	誤動作	不要な停電

出典「高調波技術マニュアル」（電気安全環境研究所）

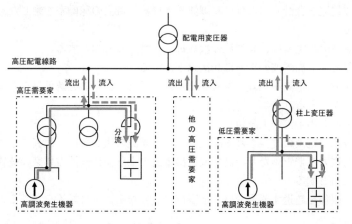

図2　配電系統の高調波流出概念図〔高圧規程3120-2図をもとに一部編集〕

○高調波対策について

　高圧規程第3110-1条では、高調波対策に関する基本事項が規定されています。以下にその一部を紹介します。

1．高調波発生機器が施設される高圧受電設備にあっては、「高圧又は特別高圧で受電する需要家の高調波抑制対策ガイドライン」を遵守し、高調波抑制対策を講じること。
2．高調波抑制対策を講じる際には、一般送配電事業者と技術的な協議を講じること。
3．一般送配電事業者との協議に当たっては、JEAG 9702「高調波抑制対策技術指針」を参照すること。

また、上記で述べた「高圧又は特別高圧で受電する需要家の高調波抑制対策ガイドライン」では、高圧需要家について、主に以下の事項が示されています。

1．高調波対策の実施

　高調波発生機器の施設において、高調波発生機器を新設、増設又は更新する等の場合であって、高調波発生機器の等価容量の限度値50kVAを超える場合は高調波抑制対策を講じること。

2．高調波流出電流の算出

　高調波流出電流の算出は、次によること。

　①高調波流出電流は、高調波発生機器毎の定格運転状態において発生する高調波電流を合計し、これに高調波発生機器の最大の稼働率を乗じたものとする。

　②高調波流出電流は、高調波の次数毎に合計するものとする。

　③対象とする高調波の次数は40次以下とする。

　④高調波流出電流を低減できる設備がある場合は、その低減効果を考慮することができる。

3．高調波流出電流の上限値

　高調波流出電流の許容される上限値は、高調波の次数毎に、次表に示す需要家の契約電力1 kW 当たりの高調波流出電流の上限値に当該需要家の契約電力を乗じた値とする。

　この上限値を超過する場合は、上限値以下になるように対策を講じること。

表2　6.6 kV受電需要家の契約電力相当値1 kW当たりの高調波流出電流の上限値
[高圧規程3130-7表]

（単位：mA/kW）

次数	5	7	11	13	17	19	23	23超過
高調波流出電流上限値	3.5	2.5	1.6	1.3	1.0	0.9	0.76	0.70

コラム　周期性のあるひずみ波交流と高調波の関係について

　周期性のあるひずみ波交流電圧（電流）波形（図3の①式の右辺参照）は、基本波（50Hz又は60Hzの商用周波数）の整数倍の周波数をもつ、いくつかの正弦波電圧（電流）が合成されたものとして表されます。これをフーリエ展開と称しており、ひずみ波形は、基本波が50Hzの場合、第2次高調波100Hz、第3次高調波150Hz、第4次高調波200Hz、第5次高調波250Hz、……、又は60Hzの場合、第2次高調波120Hz、第3次高調波180Hz、第4次高調波240Hz、第5次高調波300Hz、……、などのように基本波周波数の整数倍の正弦波電圧（電流）成分に分解することができます。

　例えば、図3の①式の右辺のひずみ波電流の場合は、左辺のように基本波電流と各次高調波電流成分に分解することができます。

　通常の交流発電機の起電力、変圧器の電流等に含まれるひずみ波交流波形は図3の①式右辺の波形のように横軸（θ軸）の正方向にπ［rad］（180°）だけ平行移動したとき、上下対称となる波形をなしています。このような波形を対称波といい、基本波と奇数次高調波成分とから構成されています。

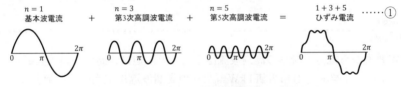

図3　ひずみ波交流と高調波電流との関係

Q 3-3

総合電流ひずみ率の上限の規制について教えて

高調波抑制対策技術指針JEAG 9702-2018（以下、「JEAG 9702-2018」という）第102-1条の「1.高調波環境目標レベル」では、総合電圧ひずみ率（例：6.6kV系統）5％を維持することを狙いとして、1kW当たりの高調波流出電流値についての上限値が規制されていますが、その高調波流出電流の上限値とは何か教えてください。

A 3-3

高調波流出電流の上限値については、JEAG 9702-2018 第102節 用語の解説32において、「高調波流出電流（需要家の受電点においてその需要家から電力系統に流出する高調波電流）によるガイドライン適合判定の基準値」と定義されております。上限値の決定方法を下記にまとめました。

解説 ・・

　需要家から電力系統への高調波流出電流の上限値は、高調波の次数ごとに、表1に示す「契約電力相当値1kW当たりの高調波流出電流の上限値」に「契約電力相当値」を乗じて求めます。第23次を超える次数については、表1の「23次超過」欄の値を用いて同様に計算し、この値をそれぞれの次数の上限値とします（第23次を超える次数の上限値は同じ値になります）。

　例えば、受電電圧11kVの第5次の「契約電力相当値1 kW当たりの高調波流出電流の上限値」は、次のとおり電圧換算して求めます。

　受電電圧11kVは、表1にありませんので、最も近い値を選択します。この場合、受電電圧6.6kVが最も近い値となりますので、その時の第5次の数値は、3.5［mA/kW］になります。

　契約電力相当値1kW当たりの高調波流出電流の上限値I_m［mA/kW］は、

$$I_m = 3.5 \, [\text{mA/kW}] \times \frac{6.6 \, [\text{kV}]}{11 \, [\text{kV}]} = 2.1 \, \text{mA/kW}$$

と求めることができます。

表1　契約電力相当値1kW当たりの高調波流出電流の上限値　［単位：mA/kW］
［JEAG 9702-2018、表202-2-1］

次数 受電電圧	5次	7次	11次	13次	17次	19次	23次	23次超過
6.6kV	3.5	2.5	1.6	1.3	1.0	0.90	0.76	0.70
22kV	1.8	1.3	0.82	0.69	0.53	0.47	0.39	0.36
33kV	1.2	0.86	0.55	0.46	0.35	0.32	0.26	0.24
66kV	0.59	0.42	0.27	0.23	0.17	0.16	0.13	0.12
77kV	0.50	0.36	0.23	0.19	0.15	0.13	0.11	0.10
110kV	0.35	0.25	0.16	0.13	0.10	0.09	0.07	0.07
154kV	0.25	0.18	0.11	0.09	0.07	0.06	0.05	0.05
187kV	0.20	0.14	0.09	0.08	0.06	0.05	0.04	0.04
220kV	0.17	0.12	0.08	0.06	0.05	0.04	0.03	0.03
275kV	0.14	0.10	0.06	0.05	0.04	0.03	0.03	0.02

Q
3-4
直列リアクトルの
高調波障害対策について教えて

　直列リアクトルの高調波障害対策として、高圧配電線の高調波電圧含有率［％］に見合った高調波耐量のある直列リアクトルを設置するには、どうすればよいか教えてください。

A
3-4

　直列リアクトルの高調波障害対策については、高圧規程第3120-3条第2項で規定されており、高調波耐量のある直列リアクトルを設置するには、高圧配電線の高調波電圧含有率［％］を把握する必要があります。通常、第5次高調波電圧含有率は一概にはいえませんが、3 ～ 4％程度以下の例が多いようです。一部の地域では、週末等軽負荷時に4 ～ 5％程度高くなる傾向も見られます。また、平日でも6 ～ 7％程度になることもあります。高調波電圧含有率を把握するには、瞬時値だけでなく記録式測定器により、おおむね1週間程度の期間測定する必要があります。また、この測定をもとに直列リアクトル等の高調波耐量（第5次高調波電圧含有率等）の定格を選定する際は、将来の高調波増加分も加味しておくことも大切です。

解説　••

　直列リアクトルについては、JIS C 4902-2（2010）「高圧及び特別高圧進相コンデンサ並びに附属機器-第2部：直列リアクトル」に規定された直列リアクトルの種類ごとの第5次高調波電流の許容値とそれから求めることができる第5次高調波電圧含有率の許容値は、表1のようになります。6％リアクトルの許容第5次高調波電流含有率が、55％又は70％のものについて、第5次高調波電圧含有率がそれぞれ5.9％、7.4％まで許容されます。（表1参照）

表1 直列リアクトルの選定種別ごとの高調波電圧・電流含有率の許容範囲
[高圧規程3120-6表]

直列リアクトルの種類	第5次高調波電流含有率の許容値 [%]	第5次高調波電流含有率から求めた第5次高調波電圧含有率の許容値 [%]	進相コンデンサの定格電圧 [V]	適用箇所
許容電流種別 Ⅰ 直列リアクトル 定格容量6%	35	3.7	7,020	主として特別高圧受電設備
許容電流種別 Ⅱ 直列リアクトル 定格容量6%	55	5.9	7,020	主として高圧配電系統に直接接続されるコンデンサ
直列リアクトル定格容量6%のもので第5次高調波電流含有率70%のもの	70	7.4	7,020	第5次高調波電流含有率が55%を超えるおそれがある場合
直列リアクトル定格容量13%のもので第5次高調波電流含有率35%のもの	35	18.1	7,590	第5次高調波電流含有率が55%を超えるおそれがある場合

〔備考〕低圧進相コンデンサ用直列リアクトルには、主として許容電流種別Ⅱが適用される。

なお、直列リアクトルの保護装置による高調波障害対策として、警報接点付直列リアクトルとし、過熱時に電路から自動的に開放する「過熱保護装置等の施設」が必ず必要で、その他、高調波リレーを施設して、一定値以上の高調波が含まれる場合にコンデンサ設備を電路から自動的に開放する「高調波リレーの施設」などがあります。

Q 3-5

アクティブフィルタの
設置目的等について教えて

高調波電流の流出抑制に使用するアクティブフィルタの利点と欠点について教えてください。

A 3-5

アクティブフィルタの長所と短所について以下にまとめました。

解説 ••

アクティブフィルタの概要については、高圧規程第3120-2条第1項第⑤号で、「アクティブフィルタは、負荷から発生する高調波電流を検出し、それを打ち消す極性の電流をアクティブ（能動的）に発生する原理からアクティブフィルタ又は能動フィルタと呼ばれる」と定められています。

アクティブフィルタの基本構成例を、図1に示します。また、アクティブフィルタは、一般的に高調波インバータ、連系用変圧器、高調波電流検出部、電流制御部等から構成されています。

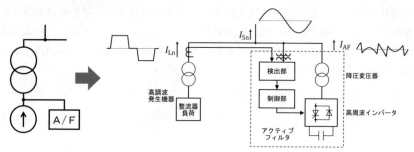

図1 アクティブフィルタの構成

以下に、アクティブフィルタの利点と欠点について示します。

〔利点〕

1) 系統ひずみ、変圧器のインピーダンスなどの外部要因に影響されない。

2) 高調波負荷が増えたときには増設並列運転ができる。

3) 全ての高調波次数に対して低減させる（ただし、高次高調波ほど改善率は悪くなる）。

〔欠点〕

1) 受動フィルタに比べても価格がかなり高い。

2) 高次高調波に対して補償が低く、特定周波数範囲に絞る必要がある。

3) 高調波電流が過大となってもフィルタ能力以上の制御は行わない。

高調波流出電流の抑制対策を行う際は、補償対象の高調波対策の次数、発生量を評価したうえで、LCフィルタか、アクティブフィルタかを選択する必要があります。

Q
3-6

直列リアクトルの設置目的等について教えて

直列リアクトルの設置目的と直列リアクトルが付いていないコンデンサの場合の特徴を教えてください。

A
3-6

直列リアクトルの設置目的と直列リアクトルが付いていないコンデンサの場合の特徴について以下にまとめました。

解説 ••

コンデンサ用直列リアクトルの設置目的は、主に2つあります。

1つ目の目的は、電源側への高調波流出電流の抑制です。これを数式的に解析すると配電系統に流出する高調波電流基本式は図2より、①式で表されます。

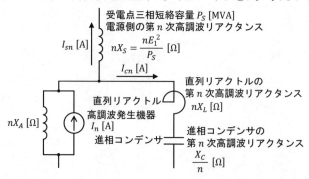

図1 第n次高調波インピーダンスマップ ［高圧規程 資料3-1-2、1図］

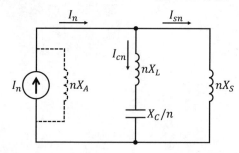

図2 電流源等価回路による第 n 次高調波電流の計算 ［高圧規程 資料3-1-2、2図］

$$I_{sn} = \frac{I_n\left(nX_L - \dfrac{X_C}{n}\right)}{nX_S + \left(nX_L - \dfrac{X_C}{n}\right)} \quad\cdots\cdots\cdots\cdots\cdots\cdots\cdots\cdots ①$$

　①式について、コンデンサ用直列リアクトルを設置しない場合を考えるため、直列リアクトルの第 n 次高調波リアクタンス $nX_L = 0\,\Omega$ とおくと、②式のように変形されます。

$$I_{sn} = \frac{I_n\left(0 - \dfrac{X_C}{n}\right)}{nX_S + \left(0 - \dfrac{X_C}{n}\right)} = \frac{-\dfrac{X_C}{n}I_n}{nX_S - \dfrac{X_C}{n}} = \frac{\dfrac{X_C}{n}I_n}{\dfrac{X_C}{n} - nX_S} \quad\cdots\cdots\cdots\cdots ②$$

　②式より、

$$\frac{X_C}{n} > \frac{X_C}{n} - nX_S \quad\cdots\cdots\cdots\cdots\cdots\cdots\cdots\cdots\cdots\cdots ③$$

であるため、$I_{sn} > I_n$ となり、負荷から発生した第 n 次高調波電流（I_n）よりも配電系統へ流出する第 n 次高調波電流（I_{sn}）の方が多くなることが分かります。特に分母の式である

$$\frac{X_C}{n} - nX_S \quad\cdots\cdots\cdots\cdots\cdots\cdots\cdots\cdots\cdots\cdots\cdots\cdots ④$$

が零に近づくと一層 I_{sn} は増大します。よって、①式に示すように直列リアクトルを設置し、電源側への高調波流出電流を抑制することが必要になります。

　2つ目の目的は、従来からの力率調整のために高圧コンデンサ開閉時の突入電流を抑制することです。

　図2において、直列リアクトルが付いていない高圧進相コンデンサ（X_C/n）が接続されている系統に高調波が存在していると電源側の誘導性リアクタンス（nX_L）とこれとが並列に接続されていることになり、この両者の共振作用により電源側への高調波電流が増加する現象が生じます。したがって、当該高圧進相コンデンサ（X_C/n）回路に直列リアクトルを挿入することにより誘導性とし、このような高調波の増加を防止しています。

「系統連系技術要件ガイドライン」の 電技解釈への取り入れについて教えて

Q3-7

2004年に旧系統連系技術要件ガイドラインの内容が電技解釈に一部取り入れられたということですが、その理由と、高圧配電線との連系における電技解釈と電力品質確保に係る系統連系技術要件ガイドライン（以下、「系統連系ガイドライン」という）の規定内容について教えてください。

A3-7

2004年当時の電技省令には、分散型電源の系統への連系に係る事項が、保安の確保の観点から対象として含まれていたものの、電技解釈には、具体的な規定が明示されていませんでした。そこで、保安の確保の観点から旧系統連系技術要件ガイドラインの内容も踏まえ、系統連系に関する具体的な規定が2004年の改正で電技解釈に追加されました。なお、分散型電源の系統連系に係る事項で、電力品質の確保に関連する内容は、現在の「電力品質確保に係る系統連系技術要件ガイドライン」に反映されています。

下記に高圧配電線との連系において、系統連系ガイドライン及び電技解釈に関連する規定をまとめました。

解説

系統連系技術要件ガイドラインの整備は、コージェネレーションシステムなどの自家用発電設備を電力系統に連系する場合の技術要件とし、1986年8月に「系統連系技術要件ガイドライン」として策定され、2004年に廃止、数次の改定を経て現在は2023年4月「電力品質確保に係る系統連系技術要件ガイドライン」として活用されています。

従来の「系統連系技術要件ガイドライン」のうち、保安に係る部分が2004年10月1日付で電技解釈第8章に取り入れられました。これは、「系統連系技術要件ガイドライン」が通達として出されていましたが、このうち保安にかかる部分については「法令としての体系の基に規制すべきである」という方針の基に行われたものです。「系統連系技術要件ガイドライン」のうち、「力率」や「電圧変動」など電力品質の保持に関わる規定については、新たに「電力品質確保に係る系統連系技術要件ガイドライン」として通達により定められ、現在に至ります。

また、電技解釈及び電力品質確保に係る系統連系技術要件ガイドラインでは、発電設備等を高圧配電線路に連系する要件として主に以下の事項が示されています。

高圧需要家に低圧発電設備等が設置され、かつ、高圧受電設備を通して系統に連系される場合は、高圧連系として取り扱われます。ただし、低圧発電設備等の出力容量が契約電力に比べて極めて小さい場合には、低圧連系の要件に準拠して連系することができます。したがって、低圧連系の要件についても併せて記載します。

以下に、高圧配電線に連系する場合に関連する電技解釈及び系統連系ガイドラインの概要を表1に示します。

表1　高圧配電線に連系する場合に関連する電技解釈及び系統連系ガイドラインの基準の概要について

関連法規	関連箇条	概　要
電気設備の技術基準の解釈	第221条（直流流出防止変圧器の施設）	逆変換装置から電力系統への直流流出防止の為、原則受電点と逆変換装置との間に変圧器を施設することについて規定。
	第222条（限流リアクトル等の施設）	限流リアクトルその他の短絡電流を制限する装置を施設することについて規定。
	第223条（自動負荷制限の実施）	分散型電源の脱落時等に連系している電線路等が過負荷になるおそれがあるときに行う対策について規定。
	第224条（再閉路時の事故防止）	分散型電源を連系する変電所の引出口に線路無電圧確認装置を施設することについて規定。
	第225条（一般送配電事業者又は配電事業者との間の電話設備の施設）	分散型電源設置者の技術員駐在所等と電力系統を運用する一般送配電事業者又は配電事業者の技術員駐在所等との間に、電話設備を施設することについて規定。
	第228条（高圧連系時の施設要件）	高圧の電力系統に分散型電源を連系する場合は、逆向きの潮流を生じさせないことについて規定。
	第229条（高圧連系時の系統連系用保護装置）	高圧の電力系統に分散型電源を連系する場合、異常時に分散型電源を自動的に解列するための装置を施設することについて規定。
	第232条（高圧連系及び特別高圧連系における例外）	分散型電源の出力が受電電力に比べて極めて小さいときは、低圧の電力系統に連系する場合に係る第222条、第226条第2項及び第227条の規定に準じることができることについて規定。

電力品質確保に係る系統連系技術要件ガイドライン	第1章第4項 連系の区分	(2) 高圧配電線との連系 　発電等設備の一設置者当たりの電力容量が原則として2,000 kW未満の発電等設備は、系統連系ガイドラインの技術要件を満たす場合には、高圧配電線と連系することができる。
	第2章 第1節（共通事項） 1. 電気方式	発電設備等の電気方式と連系する系統の電気方式は原則同一であること。
	第2章 第1節（共通事項） 2. 設備の整定値・定数等の設定	系統故障などにより周波数が変動した場合、系統に連系する発電等設備は、一定範囲の周波数変動に対し連鎖脱落しないよう、運転可能周波数範囲を一般送配電事業者又は配電事業者からの求めに応じ、適切な数値に設定する。
	第2章 第1節（共通事項） 3. 需給バランス制約による発電出力又は放電出力の抑制	逆潮流のある発電等設備のうち、太陽光発電設備、風力発電設備及び蓄電設備には、一般送配電事業者又は配電事業者からの求めに応じ、当該一般送配電事業者又は当該配電事業者からの遠隔制御により、需給バランス制約による0％から100％の範囲（1％刻み）で発電出力又は放電出力（自家消費分を除くことも可）の抑制ができる機能を有する逆変換装置やその他必要な装置を設置する等の対策を行う。
	第2章 第1節（共通事項） 4. 送電容量制約による発電出力の抑制又は放電出力の抑制	逆潮流のある発電等設備のうち、混雑が発生する場合の出力の抑制を前提に連系等を行う発電等設備（低圧10kW未満を除く）は、一般送配電事業者又は配電事業者からの求めに応じ、当該一般送配電事業者又は当該配電事業者からの遠隔制御により、送電容量制約による発電出力の抑制又は放電出力の抑制ができる機能を有する装置やその他必要な装置を設置する等の対策を行う。
	第2章 第3節（高圧配電線との連系） 1. 力率	高圧配電線との連系のうち、逆潮流がない場合の受電点の力率は、85％以上とし、かつ、系統側からみて進み力率とはならないことを規定。 　逆潮流がある場合の受電点の力率は、低圧配電線との連系の場合と同様。
	第2章 第3節（高圧配電線との連系） 2. 自動負荷制限	発電等設備の脱落時等に連系された配電線路や配電用変圧器等が過負荷のおそれがあるときは、発電等設備設置者において自動的に負荷を制限する対策を行う。
	第2章 第3節（高圧配電線との連系） 3. 逆潮流の制限	逆潮流のある発電等設備の設置によって、当該発電等設備を連系する配電用変電所のバンクにおいて、原則として逆潮流が生じないようにすることが必要。

電力品質確保に係る系統連系技術要件ガイドライン	第2章 第3節（高圧配電線との連系） 4. 電圧変動・出力変動	(1) 常時電圧変動対策 　発電等設備を一般配電線に連系する場合においては、電気事業法第26条及び同法施行規則第38条の規定により、低圧需要家の電圧を標準電圧100Vに対しては101±6 V、標準電圧200Vに対しては202±20V以内に維持する必要がある。 (2) 瞬時電圧変動対策 　発電等設備の連系時の検討は、発電等設備の並解列時の瞬時電圧低下は常時電圧の10%以内とし、瞬時電圧低下対策を適用する時間は2秒程度までとすることが適当である。 (3) 出力変動対策 　発電等設備を連系する場合で、出力変動により他者に影響を及ぼすおそれがあるときは、一般送配電事業者又は配電事業者からの求めに応じ、発電等設備設置者において出力変化率制限機能の具備等の対策を行う。
	第2章 第3節（高圧配電線との連系） 5. 不要解列の防止	(1) 保護協調 　連系された系統以外の事故時には、発電等設備は解列されないようにするとともに、連系された系統から発電等設備が解列される場合には、逆電力リレー、不足電力リレー等による解列を自動再閉路時間より短い時限、かつ、過渡的な電力変動による当該発電等設備の不要な遮断を回避できる時限で行うこと。 (2) 事故時運転継続 　発電等設備が、系統の事故による広範囲の瞬時電圧低下や瞬時的な周波数の変化等により一斉に停止又は解列すると、系統全体の電圧や周波数の維持に大きな影響を与える可能性があるため、そのような場合にも発電等設備は運転を継続すること。
	第2章 第3節（高圧配電線との連系） 6. 連絡体制	発電等設備設置者の構内事故及び系統側の事故等により、連系用遮断器が動作した場合等には、一般送配電事業者又は配電事業者と発電等設備設置者との間で迅速、かつ、的確な情報連絡を行い、速やかに必要な措置を講ずることが必要である。

Q 3-8 高圧需要家施設の低圧発電機の 連系について教えて

高圧需要家の構内に低圧発電機を設置する場合は、低圧連系の要件を適用してよいでしょうか。

A 3-8 「系統連系ガイドライン」に定められているように、原則として高圧配電線への連系技術要件を適用します。

解説 ••

　高圧で受電する学校等に太陽電池設備を設置する事例が多く見受けられます。系統連系ガイドラインでは、「高圧配電線から受電する需要家が構内に低圧発電設備を設置して昇圧変圧器を介して系統連系する場合には、原則として高圧配電線への連系技術要件を適用する。」としています。ただし、発電設備の出力容量が契約電力に比べて極めて小さい場合には、低圧連系の技術要件を適用して連系できることとなっています。一般的に契約電力の5%程度以下の場合は、低圧連系してもよいとされており、これ以上の場合でも保護装置による系統事故時の保護の可否について検証を行い、問題がなければ低圧連系は可能となりますが、一般送配電事業者と協議をして判断することになります。

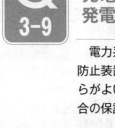

発電設備の単独運転検出装置と
発電機の電力系統連系について教えて

電力系統連系の電気設備技術基準に定められている単独運転防止装置として、転送遮断装置と単独運転検出装置では、どちらがよいのでしょうか。また、発電機を電力系統に連系する場合の保護協調の考え方について教えてください。

A 3-9 単独運転検出装置については、電技解釈第220条第九号、第十号及び第十一号の規定で定義が定められており、実用上の観点から単独運転検出装置によることが一般的となっています。なお、発電機を電力系統に連系する場合の保護協調の考え方については、下記にまとめました。

解説

〇発電設備の単独運転検出装置について

単独運転検出装置とは、不足電圧リレー（UVR）、過電圧リレー（OVR）、周波数上昇リレー（OFR）、周波数低下リレー（UFR）等では検出できないような単独運転状態においても単独運転を検出することができる装置のことであり、検出原理から受動的方式と能動的方式に大別されます。このうち、受動的方式の単独運転検出装置は、単独運転移行時の電圧位相や周波数等の急変を検出する方式であり、主に表1左側に示すようなものがあります。

受動的方式は、一般的に高速性に優れていますが、不感帯領域がある点や急激な負荷変動等による頻繁な不要動作を避けることに留意する必要があります。

また、能動的方式の単独運転検出装置は、平時から発電設備等の出力や周波数等に微小な変動を与えておき、単独運転移行時に顕著となる周波数等の変動を検出する方式であり、主に表1右側に示すようなものがあります。

能動的方式は、原理的には不感帯領域がない点で優れていますが、一般に検出に時間がかかること及び他の能動的方式を採用する発電設備等が同一系統に多数連系されていると、有効に動作しないおそれがある点に留意する必要があります。

表1 単独運転検出装置の方式による分類

単独運転検出装置	
受動的方式	**能動的方式**
・電圧位相跳躍検出方式 　単独運転移行時に発電出力と負荷の不平衡による電圧位相の急変等を検出する方式 ・3次高調波電圧歪（ひずみ）急増検出方式 　逆変換装置に電流制御形を用い、単独運転移行時に変圧器に依存する3次高調波電圧の急増を検出する方式。低圧の単相回路で有効である。 ・周波数変化率検出方式 　単独運転移行時に発電出力と負荷の不平衡による周波数の急変等を検出する方式	・有効電力変動方式 　発電出力に周期的な有効電力変動を与えておき、単独運転移行時に現れる周期的な周波数変動あるいは電圧変動等を検出する方式 ・無効電力変動方式 　発電出力に周期的な無効電力変動を与えておき、単独運転移行時に現れる周期的な周波数変動あるいは電流変動等を検出する方式 ・負荷変動方式 　発電設備等に並列インピーダンスを瞬間的、かつ、周期的に挿入し、単独運転移行時に現れる電圧変動又は電流変動の急変等を検出する方式 ・QCモード周波数シフト方式 　系統の周波数変化率（df/dt）を検出し、その変化率の正負と大きさに従って、発電設備等の出力電圧を変動させ、単独運転時の周波数変動を検出させる方式 ・周波数シフト方式 　発電設備等から出力する周波数特性に予めバイアス等を与えておくことによって、単独運転移行時に逆変換装置の周波数特性と単独系統の負荷特性で決まる周波数にシフトする性質を利用して単独運転を検出する方式 ・次数間高調波注入方式 　系統に微量の次数間高調波電流を注入し、注入次数の高調波電圧・電流を測定することにより系統インピーダンスの監視を行い、単独運転移行後のサセプタンスの変化により単独運転を検出する方式

　単独運転防止装置として高圧受電、逆変換装置なし及び逆潮流ありの条件の場合は、OFR及びUFRと転送遮断装置又は単独運転検出装置が必要です。この場合OVRやUVRも役に立ちます。

　転送遮断装置は、一般送配電事業者の配電用変電所の配電線遮断器が開放した場合に、遮断器開放信号を需要家の発電設備に転送して発電機を系統から解列する装置です。

　転送遮断装置は配電用変電所からの通信線などの影響もあり、費用もかかる場合もあるので、実際に採用されている設備は少なく、単独運転検出装置が大半を占めています。

○発電機を電力系統に連系する場合の保護協調の考え方

　高圧系統の設備容量が、発電機の出力に対して非常に大きい場合は、発電機電圧の上昇により系統電圧が変動することは少ないと考えられます。この逆の場合には、発電機の電圧変動により、系統電圧が変動することがあります。

　OVRとUVRは、配電系統が停電した場合に、発電機と系統につながる負荷とのバランスにより電圧上昇や電圧低下が発生し、これを検出して発電機を系統から解列する、いわゆる単独運転の防止のために必要です。

表1　系統連系に必要な保護リレーの例［高圧規程3220-1表］

保護リレー	交流同期発電機、逆潮流無し	逆変換装置、逆潮流有り	設置場所
過電圧リレー （OVR）	○	○	受電点又は故障の検出が可能な場所
不足電圧リレー （UVR）	○	○	〃
短絡方向リレー （DSR）	○	－	〃
地絡過電圧リレー （OVGR）	○	○	〃
周波数上昇リレー （OFR）	－	○	〃
周波数低下リレー （UFR）	○	○	〃
逆電力リレー （RPR）	○	－	〃
転送遮断装置又は 単独運転検出機能	－	○	〃

第1章　序及び標準施設

第2章　保護協調及び絶縁協調

第3章　高調波対策及び系統連系

高圧電路の絶縁抵抗許容値等について教えて

高圧電路の絶縁抵抗測定について、高圧規程の資料1-3-2で絶縁抵抗の許容値が絶縁体のCV・CVTにおいて2,000MΩ以上とされている理由と直流漏れ電流測定法でのキック電圧の許容発生件数限度の目安について教えてください。

A
3-10

絶縁抵抗の許容値が2,000MΩ以上とされている理由と直流漏れ電流測定法でのキック電圧の許容発生件数限度の目安については以下にまとめました。

解説 ･･･

高圧規程の資料1-3-2では、表1のように絶縁抵抗値による判定の目安が記載されています。

表1　高圧ケーブルの絶縁抵抗値による判定目安 [高圧規程 資料1-3-2、3表]

ケーブル		要注意
絶縁体	CV・CVT	2,000MΩ未満
	BN	100MΩ未満
シース	CV・CVT	1MΩ未満
	BN	0.5MΩ未満

電路の絶縁性に関する判定は、一般に絶縁抵抗測定と絶縁耐力試験の二つの方法が行われています。絶縁抵抗測定は、主に絶縁抵抗計（メガー）による絶縁抵抗測定ですが、この方法は初期の絶縁レベルでの試験が必ずしも実施できるとはいえず、絶縁レベルがどの程度あるかは絶縁耐力試験によって行うことが必要です。

しかしながら、他の測定（試験）方法に比べて絶縁抵抗測定は、低圧電路において測定方法が比較的容易であり、従前から絶縁抵抗を一定の許容値（電技省令第58条）以上に維持すれば、漏電による感電・電気火災等に対し危険防止の十分目安となることが認められており、非破壊検査（試験）の一方法として普及しています。

高圧電路の絶縁性能の判定については、電技解釈第15条に絶縁耐力試験が規定されています。

一般に高圧電路の絶縁性能の確認は、絶縁耐力試験によることとなっています。しかし、一般的には、直流漏れ電流測定法等を定期的に実施し、その経年変化を管理して絶縁劣化の有無の判断に利用するのが実情です。よって、絶縁抵抗測定では単にその絶対値だけでなく、経年変化が意味を持つことになります。

一般に、高圧ケーブルの絶縁抵抗測定値は電気機器の場合に比べてかなり高い値を示すのが実情です。高圧規程 資料1-3-2の7表では漏れ電流値は長さ1km未満では、おおむね1.0μA以下を「良」としています。

よって、一つの目安として定格測定電圧2,000Vメガーを使用した場合の絶縁抵抗許容値R[Ω]は、

$$R = \frac{2 \times 10^3}{1 \times 10^{-6}} = 2,000 \text{ M}\Omega \quad \cdots\cdots\cdots\cdots\cdots\cdots\cdots\cdots\cdots \quad (1)$$

となり、2,000MΩ以上となります。なお、定格測定電圧が5,000V時には5,000MΩ、10,000V時には10,000MΩを目安とすることが表2および表3に記載されています。

表2　高圧ケーブル絶縁抵抗の一次判定目安（5,000Vで測定時）
［高圧規程 資料1-3-2、4表］

ケーブル部位	測定電圧（V）	絶縁抵抗値（MΩ）	判定
絶縁体（R_C）	5,000	5,000以上	良
		500以上 ～ 5,000未満	要注意
		500未満	不良
シース（R_S）	500又は250	1以上	良
		1未満	不良

〔備考〕高圧ケーブル（CV）の絶縁体（R_C）の絶縁抵抗値が500MΩ以上～5,000MΩ未満となった場合には、直流耐圧試験等ケーブル絶縁劣化試験器あるいは製造者によるケーブル絶縁劣化診断を実施し、この結果により最終的な判断を行う。

表3　高圧ケーブル絶縁抵抗の判定目安（10,000Vで測定時）
［高圧規程 資料1-3-2、5表］

ケーブル部位	測定電圧（V）	絶縁抵抗値（MΩ）	判定
絶縁体（R_C）	10,000	10,000以上	良
		1,000以上 ～ 10,000未満	要注意
		1,000未満	不良
シース（R_S）	500又は250	1以上	良
		1未満	不良

また、直流漏れ電流測定法でのキック電圧の許容発生回数の限度については、高圧規程 資料1-3-2の5.④において次のように記載されています。

○直流漏れ電流判定目安

　直流漏れ電流法による測定チャート例は図1に示し、判定の目安として次のようなことがいえる。
a　漏れ電流のチャートでキック現象が見られるもの（図1-c）要注意。
b　漏れ電流が時間とともに増加するもの（図1-b）要注意。
c　漏れ電流値による判定目安は表4に示し、線路亘長が1,000m以上の場合はkmで換算した値を用いる。

表4　直流漏れ電流値による判定目安 ［高圧規程 資料1-3-2、7表］

ケーブル	良	要注意	不良
CV	1.0μA以下	1.0μA 超過〜 10μA 未満	10μA以上

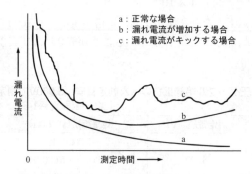

図1　測定チャート例 ［高圧規程 資料1-3-2、4図］

　キック電圧の許容発生件数限度の目安は、発生回数に係わらず要注意と考えられます。いずれにしても高圧電路の絶縁劣化診断において、最終的に良否の判断を下す際は、複数の試験方法を併用し、経験則を踏まえて総合的に判断することが大切です。

絶縁監視装置を設置する メリットについて教えて

Q 3-11

低圧電路に絶縁監視装置を設置するメリット及び絶縁監視装置には、I_0方式とI_{gr}方式がありますが、その利害得失について説明してください。

A 3-11

絶縁監視装置は、地絡事故によりB種接地に帰還する漏えい電流を検出することにより絶縁状態を監視する装置です。

I_0方式、I_{0r}方式、I_{gr}方式について、それぞれの特徴を下記にまとめました。

解説

低圧電路の地絡保護装置の一種である絶縁監視装置は、旧「主任技術者制度の運用通達」で「低圧電路の絶縁状態の適確な監視が可能な装置」として示され、昭和59年（1984年）頃から導入され現在の「主任技術者制度の解釈および運用」（令和5年9月1日）では、当該装置における警報発生時に電気管理技術者等がとるべき対応が規定され、活用されています。

絶縁監視装置は、普及して約40年を経過し、高圧自家用施設の低圧電路を常時絶縁監視することにより、電気保安レベルの向上に寄与していることは周知のとおりです。また、絶縁監視装置を設置している事業場は設備容量が100kVAを超過する場合、平成15年経済産業省告示第249号（電気事業法施行規則第52条の2第一号ロの要件等に関する告示）第4条（点検頻度）に基づいて、主任技術者の外部委託又は兼任事業場の点検頻度が、原則として毎月1回のところを隔月1回に延伸できることも大きなメリットです。

○I_0絶縁検出器

I_0絶縁検出器は、低圧電路に印加された電圧に基づく漏えい電流をB種接地工事の接地線で測定・検出するもので、漏電火災警報器や漏電遮断器と同じ動作原理です。

図1において、低圧電路に電圧 [V] が印加されると対地静電容量に起因する電流（I_{c_1}）が流れます。絶縁不良が発生すると、絶縁抵抗に起因する電流（I_{r_1}）も流れます。変圧器のB種接地工事の接地線（E_B）へは、この合成された漏えい電流（I_0）が還ってきます。

I_0絶縁検出器は、漏えい電流（I_0）を検出するため、B種接地工事の接地線に検出用のCT を取り付け、このCT から検出される漏えい電流（I_0）が定められた設定値を超えた場合に警報信号を出力します。

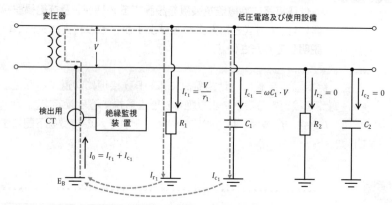

図1　I_0絶縁検出器の原理

○I_{0r}絶縁検出器

I_0絶縁検出器の欠点のひとつである、対地静電容量成分に基づく漏えい電流を除去できないことを改善したものがI_{0r}絶縁検出器です。

I_0絶縁検出器と同じように、B種接地工事の接地線に検出用のCTを取り付け、このCT から検出される漏えい電流（I_0）から、電路電圧を基準に、各非接地相の静電容量が等しく分布していることを前提に、対地静電容量成分の漏えい電流（I_c）を演算により除去して、絶縁抵抗により流れる電流（有効分電流I_{0r}）のみを分離検出する方式です。

よって、接地相側の監視ができないことや漏えい電流の相殺減少が生ずることはI_0絶縁検出器と同じであり、検出器も変圧器バンクごとに設置することが望ましいことも同様です。

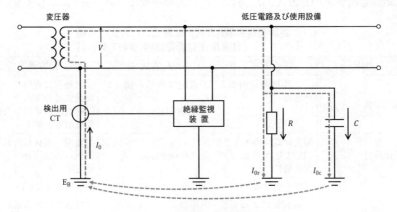

図2 I_{0r}絶縁検出器の原理

○I_{gr}絶縁検出器

I_{gr}絶縁検出器は、電路の対地絶縁抵抗に基づく漏えい電流成分だけを検出するため、商用周波数と異なる周波数の電源を用い、この電源による漏えい電流を監視・測定することにより、絶縁抵抗分による電流の測定を行っています。この方法を重畳方式といい、実際の電路では、B種接地工事の接地線に測定用電流を発生させる監視用電源を重畳しています。

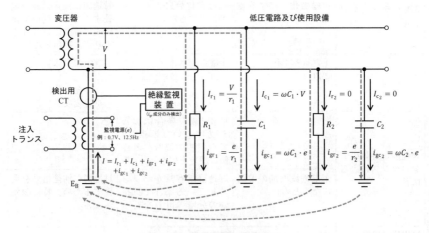

図3 I_{gr}絶縁検出器の原理

絶縁監視装置のI_0方式、I_{0r}方式、I_{gr}方式の特徴について表1に示します。

表1　絶縁監視装置I_0方式、I_{0r}方式、I_{gr}方式の特徴
［自家用保安管理規程 資料7 表7-1］

項目	I_0方式	I_{0r}方式	I_{gr}方式
入力要素	①電路周波数の漏えい電流	①電路周波数の漏えい電流 ②電路の電圧	①対地間に重畳した低周波信号の電流分 ②対地間に重畳した低周波信号の電圧分
検出成分	漏えい電流の大きさ（抵抗分と容量分の合成値）	漏えい電流の内の抵抗分（有効分電流：I_{0r}）	対地間に重畳した低周波信号の抵抗分（有効分電流：I_{gr}）
静電容量の影響	影響を受ける。	影響を受けない。	影響を受けない。
	静電容量による電流である無効分も検出する。	静電容量による電流である無効分を除去する。ただし、非接地相の静電容量が等しい場合に限る。	静電容量による電流である無効分を除去する。
接地相及び接地線の絶縁劣化	検出しない。	検出しない。	検出する。
	通常は対地間に電圧が無いため、検出せず、通常の運用が可能。	通常は対地間に電圧が無いため、検出せず、通常の運用が可能。	対地間に別途信号を重畳するため、絶縁劣化を検出する。
3線バランス絶縁劣化	検出しない。	検出しない。	検出する。
	絶縁劣化分による電流が相殺するため。	絶縁劣化分による電流が相殺するため。	対地間に別途信号を重畳するため、絶縁劣化箇所に流れる信号は相殺せずに総和となる。
構成機器	①継電器本体 ②ZCT	①継電器本体 ②ZCT	①継電器本体 ②ZCT ③信号発生器 ④重畳変成器
対地静電容量のアンバランスによる影響	影響を受ける。	単相2線の場合は影響を受けない。単相3線式や三相の場合、動作値に誤差を生じる。	受けない。
	充電電流増加の要因になるため。	対地静電容量がバランスしている条件で抵抗分の分離の計算を行っているため。	対地間に別途信号を重畳するため、特に関係がない。
検出器設置箇所	各変圧器バンクごと	各変圧器バンクごと	

※　対地静電容量のアンバランスを補正して演算を行う方式も開発されている。

190

高圧受電設備規程 Q&A

2024 年 4 月 11 日　初版発行

発　行　　一般社団法人　日本電気協会
〒100-0006　東京都千代田区有楽町 1-7-1
電話　(03) 3 2 1 6 - 0 5 5 5　(事業推進部)
　　　(03) 3 2 1 6 - 0 5 5 3　(技術部)
FAX　(03) 3 2 1 6 - 3 9 9 7

発売元　　株式会社 オ ー ム 社
〒101-8460　東京都千代田区神田錦町 3-1
電話　(03) 3 2 3 3 - 0 6 4 1　(代表)
FAX　(03) 3 2 3 3 - 3 4 4 0

印　刷　大盛印刷株式会社